《中国秀·中国传统文化系列读本》

塔湖·書
TOWER LAKE BOOK

08

中国秀

赵锋主编

中国传统文化系列读本

服饰

庞丹丹 苏珊 著

山西出版传媒集团
山西教育出版社

目　录

关于服饰_（代序）

从遥远的远古时代起，服饰就出现了，如树叶或者兽皮制作的裙子、贝壳或者兽骨穿成的项链。衣服是为了遮羞保暖而出现的，可是它绝不仅仅只为遮羞保暖而存在。中华五千年漫长的历史中，服饰文化，一定是最晶莹美好的一种，衣衫裙袄，冠冕霞帔，那些勾人联想的描述：碧绿的翠烟衫、云肩广袖拖地对开长袍、蟒袍、斗篷、对襟褂……一个又一个，引起我们对于古代服饰的美妙想象。

它们是衣服，它们又是一种等级；它们是衣服，它们又代表着一种场合。衣服是人的衣服，可很多时候，衣服比穿衣的人更重要，它意味着身份，意味着权力，意味着差别。我们多么想把脸庞贴向那轻罗软缎，听听它们从遥远的时空带来的故事。服饰，一针一线，都是会说话的。它们诉说着贩夫走卒的生活，也诉说着王侯将相的故事。既含有平淡的日常点滴，也关涉及笄、冠礼、大婚甚至帝王的登基。

让我们停下匆忙的脚步，让我们姑且放下今天性感的短裙、昂贵的貂皮大衣、诱惑的制服、笔挺的西装，进入中华古代服饰的时空隧道，从衣裳之始，走过庄重大气的汉服，欣赏飘逸浪漫的唐装，看一看异族入主中原后的服饰变化，体会汉族再次回归后怎样着急地寻找再现汉服，观旗装如何变成曼妙的旗袍……

不妨，慢慢地进入这古老而迷人的服饰世界，听，它们在说话。

第一章，服饰之始

一、服饰的开始：远古时代

今天五花八门的衣服早已经令我们眼花缭乱，各种材质、各种款式，真是应有尽有。出门前，穿什么衣服，已经成为一个问题，因为选择太多，但是一开始肯定不是这样的。在明艳的唐朝服饰之前，在庄重的汉服之前，或者就在最简单的素色长衫之前，衣服是怎样的？

1. 树叶和兽皮衣服

早在约1.9万年前的北京周口店山顶洞人，就已经穿上了经过加工的衣服。考古学家在他们的遗址中发现了骨针，这意味着他们已经开始利用针来缝衣服了，只是针是骨头磨的，不像今天那么锋利，可以密密地缝制，只能起到基本的连缀作用。他们利用骨针把兽皮连起来，做成裙状围在腰间。同时发现的还有带孔的石、骨、贝、牙等装饰品，这就是早期的项链。今天看来特别贵重的真皮，恰恰是咱们人类的始祖最早的服装材料，只是工艺非常简单，穿着的目的也主要是为了御寒、遮羞，真皮也不会成为身份的象征，它是狩猎生活的易得品，这时候人们就是穿着树叶、兽皮来遮羞，穿着动物的皮毛来保暖。

2. 麻布的出现

又过去了一万多年，约五千年前，纺织工具出现了，可以纺织出粗麻布，于是人们开始使用麻布做衣服。江苏吴县草鞋山新石器遗址发现的三块五六千年前的葛布，属于麻布的一种。葛是一种植物，茎中含有大量的纤维，可用来织成葛布。《诗经·葛覃》一节写道："葛之覃兮，施于中谷，维叶莫莫。是刈是濩，为絺为

绤，服之无**斁**”，就是讲述人们采集葛藤，用来织布做衣服的。

麻布，是属于大众的。直到明代，棉布才取代麻布成为百姓的主要衣料来源。

在这一时期的考古过程中，还发现了蚕蛹，表明几千年前人们开始种桑树养蚕，随之丝绸出现了。但是丝绸始终是贵重的衣料，一直到宋代张俞的古诗《蚕妇》中还有“遍身罗绮者，不是养蚕人”的感叹，更早以前的丝绸更不会是民众的主要衣料来源。但是关于丝的推广，一定要提到一个著名的女性，她就是黄帝的妻子嫘祖。相传，就是她教给人们养蚕抽丝，织造丝衣的。据说，在一个阳光明媚的日子，黄帝遇到了一个身着嫩黄色丝质衣服的少女，在阳光下采桑叶，她的脚下堆着一堆蚕蛹。黄帝统治区域内的人都还披着树叶或者兽皮，大家可以想见那种震撼，黄帝当即就决定娶这个少女为他的正妃，由她把养蚕制丝的技术教给大家。

3. 贯头衣是何物

了解了那时候衣服的主要材质，我们也会好奇那时候衣服是什么样式的。关于最早的服装形象，浮现在我们脑海里的是用兽皮或者树叶做成的围裙。后来就出现了贯头衣，沈从文在《中国服饰史》中说，贯头衣“大致用整幅织物拼合，不加裁剪而缝成，周身无袖，贯头而着，衣长及膝”。可以看到贯头衣缝制方法简单，适应了早期人们粗陋的加工工具和对于服装的理解——能够遮羞保暖即可。

可以想象人们早期穿着贯头衣的情景，不分男女老少都穿着用兽皮或者麻布做成的长及膝部的贯头衣，腰间扎一根草绳，奔走劳作。

那时候的鞋是什么样子呢？最早的鞋，就是用草叶、麻布或者兽皮直接裹住脚，没有所谓的式样之说。鞋的出现应该也是自然而然的，光脚奔走难免扎脚或者感觉寒冷，于是像给人体穿上衣服一样，也给脚穿上一件衣服。在后来的演变过程中，有了自己专门的名称，也渐渐有了更适合脚的设计和材质。

4. 衣裳的出现

到了黄帝轩辕氏，衣裳开始真正出现了，黄帝开创了上衣下裳的时代。可以想见的是，贯头衣虽然长及膝部，起到了遮羞的作用，但是人们的下部很容易露出来，尤其是在劳作的时候。人越来越成为人，离动物越来越远，其中之一就是认识到下体是不可以轻易露出来的，黄帝时代一定是认识到了这一点，而“裳”，就是专门起遮挡的作用。据《释名·释衣服》载:“凡服上曰衣。衣，依也，人所依以避寒暑也。下曰裳。裳，障也，所以自障蔽也。”《易·系辞下》载:“黄帝、尧、舜垂衣裳而天下治，盖取诸乾坤。”从这个时候起，服饰不再只是为了御寒遮羞，它开始慢慢走入政治生活，成为礼的一部分，承担起更多的意义。

服饰的历史，即将浓墨重彩地铺展开来。

二、衣裳之始：先秦服饰

夏商周时期是我国服饰制度开始形成的时期。我们所知悉的那个时代，有暴虐的夏桀、商纣，有美丽却被认为是妖姬的妹喜、妲己，有春秋时代坐着马车到处讲学和劝道的大圣人们，还有雄主迭起的战国时期广纳宾客的信陵君、孟尝君、春申君、平原君……那个时代真的很远很远了，但是又有那么多的人和故事拨动着我们的心弦。

现在，就给大家介绍那个遥远时代的服饰，让您再想起那个时代的时候，能够有更真实的感觉：在书报、影视剧中看到大圣人孔子，能注意到他穿着怎样的衣服奔走传道；再看美丽又邪恶的妲己，她会穿着怎样的服饰翩跹起舞。

衣裳，指的是上下两件，上衣称“衣”，下衣称“裳”，这是我们最早也是最基本的服装样式。今天我们多数衣服尤其是男装都是上下分开的，这种服装样式竟然是咱们老祖宗在服装上最早的选择，多奇妙！

1. 衣和裳

前面我们提到，衣裳在黄帝时期已经出现了，但是比较简单粗陋，到了夏朝逐渐成熟，而成形则到商朝。商朝衣裳的突出特点是“交领右衽，窄袖短身”。“交领”是指领子交于胸前，“右衽”是指右边衣襟盖住左边的，“衽”就是指衣襟。“窄袖短身”就很好理解了，袖口窄，衣服不长，一般到膝盖，当然这也比我们现代很多上衣长了，但是相对于之前那种长到脚踝的衣服，“短身”就是它的特点了。

安阳殷墟妇好墓中出土的
身穿交领窄袖衫的玉人雕像

下裳是一条裙子，下遮开裆裤，腰间佩一条宽带用来束腰。衣服正中央还有一条带子。这可不是一个随便什么人都可以佩带的饰品。在商代，上层社会的人才可以佩带这个饰品，用以表明其身份，划分尊卑等级。它被叫作“蔽膝”，用来遮盖大腿到膝盖的服饰。它系于腰带上，上小下大，呈斧形。在先秦时期，蔽膝和佩玉都是尊贵的人才可以佩带的东西。所以，看到出土人俑佩带蔽膝，我们就可以知道，这应该是一个先秦时代的人物，并且是一个身份尊贵的人物。你看，了解一些服饰文化，再看艺术品的时候，它顿时有了自己的时空，有了属于它的故事。

周代也基本沿袭了商代的服饰，不过发生了一些小小的变化。简单来说，周代的衣裳与商代相比更为宽博。让我们通过图片来认识一下周代衣裳的基本样式吧。

周代的衣服比商代更为宽松，也更长。领子有了明显的变化，其外观多为矩形。这个时期的衣服依然没有扣子，还是在腰间系带。腰带根据材质的不同也有不同的名字，主要有两种，一种是丝织物制成的，叫“大带”或者“绅带”，另一种用皮革制成，叫“革带”。

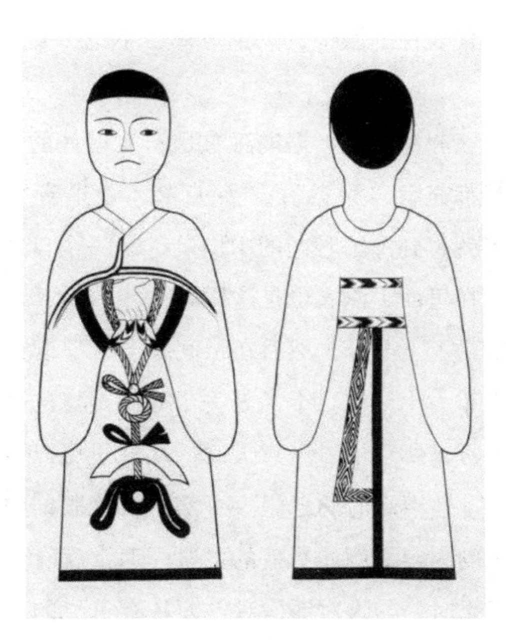

河南信阳楚墓大带玉佩大袖衣彩绘俑
（摘自河南省文物研究所编《信阳楚墓》）

这里没有佩带蔽膝，但是在中间挂了佩玉，我们前面说过，佩玉和蔽膝一样，都是一种尊贵身份的象征，穿这种衣服并佩带玉饰的一般都是士。

2. 深衣的深意

春秋战国时期出现了一种新的衣服形式，我们称为深衣。它把上衣和下裳连为一体，遮蔽全身。这是这一时期最有代表性的服饰，无论尊卑、不论男女，都可以穿深衣。

为什么叫深衣呢？据说深衣是圣人设计的，每一部分的设计都充满“深意”，“深意”不就谐音“深衣”？说到这里就想到民国时期的中山装，每一个口袋的设计都有寓意在里面，深衣也是这样。

深衣是上下分开，然后在腰间缝合在一起的，裁制的时候用布为十二幅。十二是一个充满寓意的数字，一年十二个月，所以十二寓意天时，从这里可以看到古人天人合一、信奉天时的思想。事实上古代服饰中有很多包含十二的内容，例如尊贵的冕服，通常就有十二种纹饰。合于天时，与天对话，对古人具有重要的意义。古人绝对是有信仰的，他们信仰“天”，所以多心生敬畏，心生善念。

深衣包蔽全身，长至脚踝。从衣服的长度和包裹度，我们读出的是人的尊严。人之所以为人，很重要的一点就是羞耻感，开始讲究礼仪。

深衣的整个形制对后代产生了深远的影响，我们在古装剧中就常常可以看到形似深衣的服饰。

穿深衣的楚国妇女
（湖南长沙陈家大山楚墓出土的帛画）

3. 赵武灵王改革带来的胡服

先秦服饰文化还有一点一定要说，那便是赵武灵王的服饰改革，也就是胡服的出现。赵武灵王改革是出于战争考虑，他一定吃过不少善于骑射的胡人的亏，穷则思变，所以他改革服饰，借此提高军队整体作战能力。

我们知道，周代服装比较宽大，中原地区主要是战车作战，宽袍的劣势并不明显。但是赵国位于北方，经常与北方少数民族交战，多骑射，这时宽袍的劣势就完全暴露了。你可以想象一下，穿着宽大的深衣上下马的样子，尤其是在严酷激烈的战场，面对的是虎视眈眈的敌人。因此，赵武灵王下定决心学习北方少数民族，推广胡服。

胡服的主要特点是短衣、长裤，配上皮革鞋子，衣服紧窄，非常便于活动。这种最开始属于西北少数民族的衣服经由赵武灵王传入中原，不仅用于战争，民间也非常喜欢穿，贵族穿胡服是一种趣味，而下层人民更多的是为了便于劳作。

4. 袍、衫、裘、亵衣、褐衣

接下来，我们简单介绍一下常常在文学作品中出现的袍、衫、裘、亵衣、褐衣，它们到底是指什么，有什么不同。

袍和衫都是整幅制成，没有上下之分，不像深衣是分开裁制，然后缝合在一起。两者的区别是袍有里子，里子里面可以絮东西也可以不絮。短袍又有一个专门的名字，叫“襦”，很像我们现在说的小棉袄。衫没有里子。两者都是长衣。汉代服饰中的“曲裾”、“直裾”多指这种整幅制成的衣服。“江州司马青衫湿”，白居易眼泪打湿的就是我们这里所说的衫。

裘，是很好理解的。今天我们依然说裘皮大衣，裘就是毛在皮外。《说文解字注》中段玉裁云:“裘之制，毛在外，故象毛。”裘和絮棉的袍都是古人御寒的，当然，在棉花还没有传入之前，絮的可以是麻织品。裘跟裘也不一样，王公贵族可以穿上好的羔羊皮或者白狐裘，穷人也可以穿裘，但是只能是劣质的羊皮或者狗皮了。

亵衣，就是指古人的内衣。提到“亵”，我们很容易想到一些词，诸如“亵渎”、“猥亵”，确实，“亵”本身的意思就是指轻薄、不庄重。古人把内衣叫作亵衣，可见对内衣的看法，所以露出内衣，是极其不庄重和轻薄的行为。这当然跟我们今天非常不同了，今天内衣的若隐若现已经是审美的一种，内衣也不再被称为

“亵衣”，男女之防，以及对我们自身身体的认识都发生了变化。从这一个简单的“亵”字上，就可以体会古代的身体和性别文化，也可以从内衣的变化上看到时代的变迁。

褐衣，指用粗麻和兽毛纺织做成的衣服，从材料上大家就可以想象到，这种衣服是当时下层百姓的主要穿着。“褐衣”这个词也和“布衣”一样，不再仅仅指衣服，而可代指贫贱的人。我们上文提到的“襦”在古代也多是贫贱之人的穿着，它们都严格地遵守着衣不过膝的原则。

衣服的长与短，有时候是身份的一种体现。其实也容易理解，长衫本身就不适合劳作，所以穿长衫意味着不劳动。在古代，贵族是无须劳作的。看到这里大家是不是想到了鲁迅笔下那个坚持穿长衫的孔乙己呢？虽然那件长衫早已破旧不堪，但他穿的是读书人的身份，那是他最后仅有的尊严。

三、貌以表心，服以表貌：先秦时期的丧服

丧服制度起源于先秦时期，并且在最开始的时候，被最认真或者说最真诚地奉行着。关于中国的丧服文化，用博大精深来形容毫不为过。它使用最粗糙简单的布料，但是处处都蕴含着规矩，处处都显示着死者的等级地位、生者和死者的关系。《仪礼》上关于丧服短短的一段话，后人撰写了一本又一本书去解释，这都是因为其中寓意太多，规矩太多。这里，我们只能给大家做一个简单的介绍，如果有兴趣，可以查阅相关书籍，进行深入的研究。

开始，我想先给大家介绍《仪礼·丧服》疏中引用的东汉著名经学家郑玄的几句话，因为再次读到的时候，依然觉得很感人："不忍言死而言丧，丧者，弃亡之辞，若全存，居於彼焉。"

大家想过没有，我们为什么说服"丧"，而不是用"死"或者别的字。郑玄的这句话是说活着的人实在不忍心说"死"这个字，而"丧"是表示失去、丢失的意思，他不在了，不是死了，不是永恒地消失了，只是

我们找不到、看不到他了，但是他依然在另一个地方好好地活着。读来真是让人唏嘘，这种态度应该就是“视死如生”吧。

1. 五服的规定

丧服的一个基本原则是：貌以表心，服以表貌。什么意思呢？就是说，在丧事上，我们的样子就反映着我们的内心。那么用什么来表现我们的样子呢？除了悲戚的表情，就是我们穿的衣服了。这又意味着什么呢？简单说，就是你跟死者越亲近，那么你就会越悲伤，表现在衣服上你穿得就越简陋破烂。

我国传统的丧服是五等丧服制度，也就是大家常说的“五服”。在日常生活中，我们有时候会说，亲戚倒是亲戚，可都出五服了，就是指彼此的关系非常远了，不在五服之内。五服就是根据尊卑以及亲疏，将丧服分为五等：斩衰（cuī）、齐衰（zī cuī）、大功、小功、缌麻。不同等级的丧服，做工的粗细和服丧时间的长短都是不同的，有严格的规定。

五服中最重的就是“斩衰”，就是把最粗的生麻布直接斩断，连边都不用缝，斩断的地方就那样露着，没有任何加工。根据貌以表心、服以表貌的原则，可以知道，这种最粗糙的衣服代表内心最深重的悲伤。古人用字都是有讲究的，用“斩”，而不是像我们习惯说的“裁”或者“割”，为什么呢？古人说了，“取痛甚之意”，因为太痛苦了，直接就说“斩”，根本没有心思去“裁”去“割”了。衣服都不用穿，因为没有缝合加工，直接就披在身上，戴上丧冠，这就是我们所说的“披麻戴孝”。斩衰一般需要服丧三年。

丧服的整个服制，不仅仅包括衣裳，还包括头上戴的帽子、脚上穿的鞋子、腰间或者头上系的带子、手里拄的手杖，一共五个部分。每一部分根据不同等级的丧服，有不同的规定。

例如，齐衰，比斩衰哀痛略少一点，所以在服装上会更精细一点。衣服会缝上边，“齐”就是缝边的意思，依然是用粗麻布。和斩衰不同，斩衰是最大的痛，是最悲哀的事情，所以一定是三年，齐衰，根据不同的对象，服丧的时间是不同的。如果父亲已经去世，这时候母亲去世，就服丧三年；如果母亲先于父亲去世，孩子就只为母亲服丧一年；丈夫也是为妻子服丧一年；孙子给祖父母服丧是齐衰三个月。

到大功、小功和缌麻，所用的麻布就越来越精细，衣服的做工也越来越多。例如大功就是穿着用较粗的熟麻布制成的经过加工的丧服，服丧九个月，像男子为出嫁的姊妹或者姑母，女子为丈夫的祖父母或者伯叔父母，都是服大功。缌麻最轻，用最精细的熟麻布加工而成，服丧三个月，例如男子为曾祖父母或者为外孙等服缌麻。

2. 为谁，开启斩衰的哀痛

说到这里，我们就要问大家，到底怎样的关系服最重的斩衰呢？其实我们是在研究，对于古人来说，什么样的关系是最重要、最亲近或者最尊贵的，以致失去对方，如此哀痛，只能以斩衰来表示内心的哀痛。

男子为父亲服丧，就是斩衰。这和为母亲服丧有一定的区别。虽然在我们看来孩子与父母是一样的关系，但是在丧服中，不仅仅要考虑关系的亲疏，还要考虑到死者的尊贵程度。我们都知道，古代是男尊女卑的社会，在丧服里，这一点鲜明地体现出来。孩子为父亲，就是斩衰三年，为什么呢？古人解释说，因为“父至尊”，因为父亲是最尊贵的，孩子为父亲服丧，不仅仅是因为失去了最亲近的人，也是因为失去了最尊贵的人。男尊女卑不仅仅体现在这儿，还体现在男子可以为父亲服丧三年，女子却不一定，只有没出嫁的女子才有资格为父亲斩衰三年。当然妻子为丈夫一定是斩衰三年了，丈夫为妻子，我们前面已经说了，是齐衰一年。臣子为君王，诸侯为天子，也是斩衰三年，因为他们都是“至尊”，这里的哀痛，是因为失去了最尊贵的人。

再多说一句，我们知道古代如此重视尊卑长幼秩序，那么父亲为儿子服什么丧呢?《礼记》规定说，“父为长子”，斩衰三年。意外吗？这里告诉我们，长子非常重要，因为他是传承之人。可以说，此时，父亲不是为儿子服丧，而是为整个家族的传承出了问题服丧。失去了儿子固然哀痛，但是作为父亲却没有必要如此不顾自身安危去哀痛，但是失去长子，就不仅仅是丧子之痛了，还有家族传承链条出了问题的哀痛。可以这样说，此时，服斩衰的父亲，不是向儿子，而是向整个家族的祖宗致敬哀悼。

3. 一柄手杖

整个服制包括五个部分：衣裳、帽子、鞋子、带子和杖，以上介绍了丧服的服制，这里再简单介绍一下服丧用的手杖，你会发现丧服中处处都是寓意和规矩，到处都体现着尊卑，非常精细。首先说，服丧为什么用手杖啊？这是为了说明服丧人的哀痛，哀痛到把自己都弄病了，不得不靠手杖才行。当然，手杖也不是谁想拿就拿的，有时候哀痛也需要资格。我们要跟大家说的是这样一个细节，男子为父亲服丧用的是竹子做的手杖，为母亲用的是桐木的手杖。这个规定可是有深刻寓意的，在古代竹园象征着天，而父亲就是儿子的天，所以要用竹子。不仅仅是这样，竹子里外都有节，象征着儿子从里到外都是哀痛的，而竹子经历一年四季都没有变化，象征着儿子的哀痛无论什么时候都不变。桐木呢，“桐”同“同”，就是说儿子对母亲的心是和父亲一样的，这里我们可以看到，母亲是依附于父亲存在的，所以才有“同”之说。桐木外面没有节，这是说“家无二尊”，一家之尊只能是父亲，母亲要屈于父亲，而桐木要削成方的，天圆地方，父亲是天，母亲就是承载一切的大地。

现在中国的很多学者都在研究丧服，他们研究的是服装和礼仪，更是服装背后的整个社会。就像你看到的，这里只介绍了丧服中最简单的部分，冰山一角，我们就已经感受到那个已经走远的社会，仿佛可以看到那里的人情和规矩，看到他们的家庭生活、社会生活，这就是它的魅力吧。

四、青青子衿，悠悠我心：《诗经》中的服饰

《诗经》是我国第一部诗歌总集，汇集了从西周初年到春秋中叶大约五百年的诗歌。它记载着遥远的先秦时代人们的生活和故事，从最底层的人民，到上层贵族，乃至君主。走进《诗经》，就是走进先秦时代，让我们通过《诗经》进一步感受先秦时代的服饰文化吧。

1. 素衣清婉的先秦女子

为什么用清婉来形容呢？通过《诗经》，我们发现那个时代，人们对美丽女子的想象，通常是身着素服，清丽婉约的。

先秦一个著名的美人便是齐国的公主庄姜，我们今天常常提到的“巧笑倩兮，美目盼兮”就是《诗经·卫风·硕人》中对她的描述，这则诗歌描述了庄姜出嫁时的情景。《硕人》开头一句就是介绍庄姜的穿着，“硕人其颀，衣锦絅衣”。可见在古人眼中，服饰对一个女子形象的重要性。

《诗经》书影

这位声名赫赫的齐公之女出嫁之日穿的是什么呢？里面穿着锦缎做的礼服，外面罩着一件麻布单衫。锦缎礼服显示了她身为一个公主的高贵，而一件简单的单衫，就显出了一丝女子的素雅。即使是诸侯之女，即使是出嫁之日，即使贵不可及，那一丝素雅也是扣人心弦的东西。

对女子着素雅服饰的欣赏，还可以在很多诗歌中看到。《郑风·出其东门》里写道：

出其东门，有女如云。

虽则如云，匪我思存。

缟衣綦巾，聊乐我员。

你看这首诗的主人公心心念念的女子，身着缟衣，

“缟”就是没有经过染色的绢，“綦巾”是指绿色的佩巾，也就是我们前面介绍过的蔽膝。他心爱的女子啊，穿着简单干净的素色衣裙，系着清清淡淡的绿色佩巾，在如云的女子中，唯有这样一个女子撩动着他的心。象征着纯洁的白色和清婉女子的结合，原来在先秦时代，就是男人梦中人的形象了。也难怪，后来金庸笔下的小龙女一出场，就拨动了那么多看客的心。

而《唐风·扬之水》中的男子心心念念的女子也是“素衣朱绣”，素色衣裙上绣着朱红色的精美花纹，淡雅中透着一点点精致，便是他的意中人了。

先秦，那样一个时代，那时候天应该还是透彻的蓝，云应该还是最纯净的白，到处应该还是茵茵的绿草，溪流应该还是清澈潺潺。在那样一个时代，逢着一个素衣清丽的女子，碧绿草丛上，一抹清雅纯净的白，该是多么美好的事情啊。

2. 青衫素雅或者衣衫华贵的先秦男子

《诗经》中也不乏对男子服饰的描写，最脍炙人口的应该就是出自《郑风·子衿》中的那句“青青子衿”了，温文尔雅的青衫男子，即使是几千年后的我们，也是心向往之吧，难怪那个时代的女子会“悠悠我心”了。

上层社会的贵公子又是另一种面貌:“我朱孔阳，为公子裳”，“公子”就是指上层社会的贵族，“朱”是红色，在那个时代的男子中，只有高贵阶级的人才能穿红色。

当然在下层的百姓，肯定是穿着麻布短衣，在田间劳作。染出的红色衣裳，也是为了敬献给贵族。

3. 从《诗经》看当时服装的材质

先秦时代人们用什么材料做衣服呢？从《诗经》中我们可以看到这么几种：葛做成的布、麻布、缫丝制成的丝绸以及冬天穿用的动物的皮毛。

《诗经》中很多地方都出现了葛这种植物，如“彼采葛兮，一日不见，如三月兮”，可见葛是当时人们生活中不可缺少的。

苎麻也常出现，《诗经》中就有“东门之池，可以沤麻”，这里说的是人们通过沤麻的方法，使麻脱胶变软，然后用来做衣服，做鞋子。葛和麻这种遍地生长的植物，成为劳动人民主要的衣料来源。

“蚕月条桑，取彼斧斨。以伐远扬，猗彼女桑”，告诉我们那时候农业活动中已经有了养蚕这一项。养蚕，意味着与另一种重要的衣料——丝绸相关。我们都知道，唐代的丝绸被欧洲的贵族视若珍宝，其实早在先秦，就已经有了丝绸，只是那时只有贵族才能够穿得上。

到了冬天，可以御寒的皮毛，成为人们的主要选择。我们在前面也说过，下层百姓最多只能穿上狗皮做的衣服御寒，其实他们更多的还是限于麻布衣服，可以穿我们说过的“袍”作为冬天穿在外面的外套。《诗经》中有“岂曰无衣，与子同袍”。“褐”，是另一种粗糙的布料制作的冬衣，也是他们的选择之一。裘的主要来源是羊羔皮和狐狸皮，当然这样的衣服只能是属于贵族的。“一之日于貉，取彼狐狸，为公子裘”，“彼都人士，狐裘黄黄”。而“狐裘黄黄”也引人遐想，用狐狸皮做成的衣服，是何等光亮美丽，尤其是白狐狸皮制成的裘。

4. 佩饰——玉

服饰，总离不开佩饰。《诗经》中也提到了很多佩饰，其中“玉”最受人们的喜爱。玉在中国人的心中，不仅仅是装饰，很多时候象征着美好的德性。《诗经》中就有这样的描写，如《卫风·淇奥》中有“有匪君子，如切如磋，如琢如磨”，用打磨玉石的过程来比喻君子的养成；也用玉来比喻美好的女子，《召南·野有死麇》中就有“白茅纯束，有女如玉”。

不过，给大家看这一句，你就可以发现另外一些东西了。《小雅·斯干》中有“乃生男子”让他“载弄之璋”，“乃生女子”却让她“载弄之瓦”，男尊女卑的观念还是很强烈的。玉多属于君子，《礼记》中直接就说了，“君无故玉不离身”，如果没有什么意外的话，君子的玉是不离身的。所以在先秦，如果你看到一个男子没有佩玉，那么很有可能他并不是出身高贵的人。

我们前面提到过，古人的腰带根据材质的不同分为大带和革带，这些佩饰就挂在他们的腰带上。“佩玉将将”，说的是玉佩相碰发出的美妙声音，可见古人常常佩带不止一块玉石，行走之间，环佩叮当，也是一件很美妙的事情。

玉佩不仅仅可以象征美好的德性，更因为它的质地坚硬，不容易改变，所以用来象征两情相悦，地久天长。两情久长，不离不弃，自古以来就是有情人的愿望。《诗经》中的“执子之手，与子偕老”被多少情人信誓旦旦地言说过。先秦时期有“解佩结言”的风俗，两情相悦的男女，解下身上的玉佩，定下不离不弃的誓

镂空龙凤纹玉佩
（战国，安徽省博物馆藏）

言，真的很美好。《卫风·木瓜》说，“投我以木瓜，报之以琼琚，匪报也，永以为好也”。送给对方一块美玉，并不是为了报答对方送我木瓜之情，而是希望跟对方携手到老。

古人这些诗词、仪式，总是以它们的干净和真诚，触动着现代人的内心。如果有那么一天，有那么一个人向你走来，送你一块美玉，许下“执子之手，与子偕老”的誓言，那一刻天一定很蓝很蓝，蓝得有若先秦。

第二章，秦汉服饰

一、服制出现——秦汉时期的服饰

秦一扫六国，建立了一个大一统的王朝，同时创立了各种制度，其中包括服饰制度。“汉承秦后，多因其旧”，大汉王朝，继承了秦代的很多传统，服饰文化深受秦代影响。秦汉时期是中华服饰进一步发展的时期，独尊儒学的思想使礼制更加严格，这自然会体现在服饰上；另一方面，经济的进一步发展，也会让当时的人更讲究穿着。提到秦汉的服饰，我们总会想到建立大一统的秦始皇那一身威严的黑色君服，总会想到那些穿着汉服的美好动人的端庄女子。我们真的很好奇，那个实现了统一的秦汉时代，人们到底都穿些什么呢？黑色对秦始皇到底意味着什么？所谓的“内衣外穿”到底指什么？

1. 黑色为尊：阴阳五行学说的影响

我们都知道秦始皇曾经求长生不老丹药，寻海上仙方，也许有人会觉得雄才大略的始皇帝怎么会相信这样子虚乌有的说法呢。事实上，古人相信很多东西，他们敬畏这个充满神性的世界，他们相信所有的东西都有其相应的位置，对应着应有的德性和颜色。阴阳五行学说，是一个关于“水火木金土”相生相克的学说，在秦汉时期非常受推崇。世间的很多事物和五行相对应，例如，五行配五味（水配咸，火配苦，木配酸，金配辛，土配甘）、五行配五方（东南西北中）、五行配五色（青黄赤白黑）。

那么，秦代为什么如此推崇黑色呢？要知道秦代的服饰以黑色为尊，旌旗也崇尚黑色。这是因为，他们认为秦灭六国，一统天下，是获水德。根据五行学说，水在季节上属冬，颜色对应的是黑色，所以秦代崇尚黑色。

但是，在我们的印象里，皇权总是跟黄色联系在一起。事实上，这种变化是在汉代发生的。汉灭秦，五行中土胜水，“兵来将挡，水来土掩”，汉代认为自己是土德，土对应黄色，所以汉代服饰以黄色为贵，并定为天子朝服的颜色。

后来，这种观念又发生了变化。新的观念认为天子统一天下，应该代表天下各方的颜色，所以天子根据季节变化，穿不同的颜色。例如孟春（春季的第一个月）穿青，孟夏穿赤色，孟秋穿白色，孟冬穿黑色，形成了一种礼俗。所以，至高无上的帝王，也有许多不自由，也有许多规矩必须遵守，天命并不是那么好承受的，天命容不得亵渎和错误。

2.“内衣外穿”：袍服成为礼服

“内衣外穿”，这里的内衣可不是我们今天的内衣。大家应该知道，今天的内衣在古代叫“亵衣”，是更为私密、不可外露的，这里所谓的“内衣外穿”是关于袍的演变的故事。

我们知道，先秦时代就已经出现了袍，不过那时候的袍服只是一种加了里子、絮了东西的内衣，穿的时候外面是一定要加外衣的。到了汉代，内衣逐渐演变成外衣。秦汉时期是袍服的时代，整个汉代都把袍服作为礼服。

这时候的袍服多为广袖，在袖口处收窄。袖子紧窄的部位叫“祛”，袖子宽广的部位叫“袂”。我们平常所说的“衣袂飘飘”，这里的衣袂就是指衣服和袖子，形容行进间衣袖随风飘扬的样子。另一个成语“张袂成阴”，讲的是春秋时期齐国晏子的故事，可见这时候袖子宽博的部分就已经叫“袂”了，大家张开袖子连起来就能遮掩天日，变成阴天，用以形容人多。

3. 无裆裤

下身是要穿裤的，但是这里的裤跟我们今天的裤子是很不同的，而是只有两条裤腿，长度到膝盖，利用带子系在腰间，是没有裆的。所以这时候的裤子只能穿在裳里面，不能单穿。衣、裳、裤，三者并穿，把全身都遮挡住。但是，我们都知道不管是长袍，还是衣裳分开的下裳，都是裙形，加上无裆的裤子，如果在活动中不注意，很容易露出下体，所以古人在行、卧、坐、跪的时候都是有着严格规矩的。秦汉时期仍然没有椅子和凳子，多是席地而坐，这时候的人多采取跪坐，也就是膝

汉代袍服

部着地，臀部坐于后脚跟上，这样不会让下裳散开。“箕踞而坐”，臀部直接坐在地上，两膝微曲，两脚前伸着是一种非常不敬的做法。联想一下这时候的无裆裤，我们就可以理解为什么“箕踞而坐”在古代是如此大不敬和粗野的行为了。据记载，荆轲刺秦王失败后就是这样：“荆轲倚柱而笑，向秦王箕踞骂曰：‘幸哉汝也！吾欲效曹沫故事，以生劫汝，反诸侯侵地，不意事之不就，被汝幸免，岂非天乎！然汝恃强力，吞并诸侯，享国亦岂长久耶？’”荆轲对秦王的不屑和狂妄不羁之态，我们只有对当时的服饰有一定的了解，才能深刻体会。

后来裤开始加长到腰部，并加裆。起初的开裆裤可以方便上厕所，到后来出现合裆裤，称为“裈”。“裈”分两种，一种下长过膝，一种比较短，相当于我们现在的短裤。上流社会的人是不会直接把“裈”穿在外面的，但是底层社会的人为了方便活动和劳作，会直接穿于外面。

汉代还流行过“大口裤”，顾名思义，其主要特点就是宽敞，尤其是两只裤管特别肥大。而与之相配的上衣，则比较紧身，称为“褶”。大口裤配“褶”是否曾经是我们这个时代的某种流行？现代服饰从传统服饰中可以汲取的创意太多了。

穿短裈的杂技艺人
（山东沂南汉墓出土画像石，局部）

4. 冠巾与组绶

巾，是指裹头的头巾，其中一种被称为“幅巾”，是一种三尺见方的方帕。开始只有军人和下层百姓用，到了东汉时期，幅巾居然成了一种时髦装束，上层官员们也喜欢用幅巾约发。

自古就是以冠约发的，到了汉代，冠也成了区分等级身份的标志之一。在《后汉书》中涉及服饰的部分，就介绍了十六种汉代的冠。这里我们给大家介绍其中最为著名的“长冠”，它又名“竹皮冠”，也称“刘氏冠”。从这几个名字中，我们就可以获得这种帽子的基本信息：“长冠”，说明它很长；“竹皮冠”，说明它的材质是竹子；“刘氏冠”，刘氏指的是汉高祖刘邦。汉高祖刘邦戴过，还把这种冠用自己的姓氏命名了，那么这肯定不是谁想戴就戴的了。如果谁想戴就可以戴，还怎么体现高祖的尊贵呢？我们得知道，越是草莽出身，越是贫而后贵的人，越是要标榜自己的天命所归和不凡的贵气。因为刘邦在还没成为高祖的时候曾经戴过，所以它就贵气了，成为“刘氏冠”，官位品阶不到一定级别的人是不允许戴的。

不仅衣服冠巾上可以看到等级区别，在腰间佩带的带子也是等级的体现。组、绶是丝编制成的带子。绶带和官印都是朝廷统一发的，绶带的颜色、长短以及织法都是不同的，可以用来区分官职的大小。而官印通常装在一个小袋子里配在绶带上，所以有“印绶”的说法。

根据以上描述可知，在古代，升斗小民和朝廷官吏是一眼即可看出的，互相之间截然不同。如今，我们或者无法轻易从衣服上看出一个人的身份和地位，但是我们也要知道，追求区分是人骨子里的东西，所以现在即便没有印绶来区分身份，仍然会有很多人希望通过一个LV说明自己是谁。

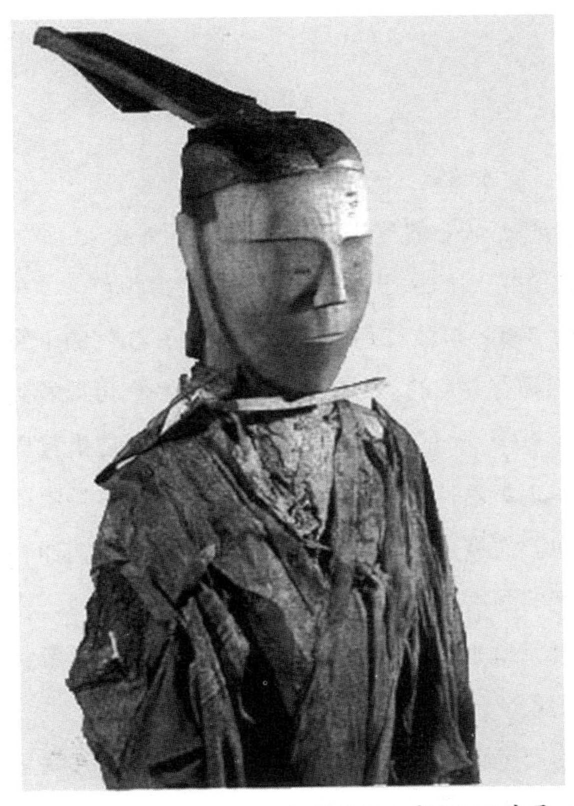

戴长冠、穿袍服的官员
（湖南长沙马王堆汉墓出土的著衣木俑）

二、朝堂之上的服饰

1. 玄衣纁裳：天地加身

始皇帝确定的冕服被称为“玄衣纁裳”，衣、裳我们都知道它们的意思，而玄、纁都是指颜色，“玄”指黑色，“纁”指浅红色，黑色的上衣，红色的下裳。但是它们是有古意的。“纁”通“曛”，我们可以看到后面这个字有个“日”，可见和太阳有关，它是指黄昏的日光，呈现黄色，是大地的颜色，古代用“纁”象征大地的颜色。而黑色是什么色呢？它是天未亮以前的颜色，是天空的颜色。这样冕服就是上为天，下为地，体现了古人对天和地的尊崇与感恩。而身着冕服的皇帝，也是天地的象征，是天命所在。

一套冕服，因为它的意蕴，厚重之感顿时就呈现出来，皇帝穿着这样的冕服，怎能不让人望而生敬、望而生畏呢？统驭天下，仪式和服饰也是重要的一部分。它们是一种昭告，不断地告诉百官以及百姓，这是天子；不断提醒他们天在上地在下，要心存敬畏和感恩之心。

冕冠也有很多说法，头戴的一定是天，所以冕板是黑色，整个冕板前圆后方，大家可以想想这意味着什么？前面我们在介绍先秦的丧服时就提到，为父亲服斩衰，要持竹杖，因为竹子是圆的，为母亲服齐衰，要持桐杖，削成方形，父为天，母为地。没错，冕板前圆后方，也是取“天圆地方”的意思，古人天人合一，崇敬天地的思想在服饰上就体现得淋漓尽致。整个冕板后面比前面高出一寸，也就是说戴在头上，冕板是向前倾的。高高在上的帝王，这一点前倾，意味深长啊！它表达的是帝王总是想靠近百官，靠近百姓，总希望关怀百姓。而冕板垂下的珠帘，大家在影视剧中一定都见到过，大家想过它们的作用吗？很容易想到，这是一种遮挡，天子龙颜，是不能让人轻易看清楚的，由此威仪就出来了，帝王所代表的那种神秘的力量也就透出来了。而且珠子垂直，象征着帝王本身端正，远离奸佞妖邪。更实际一点说，很多服饰的设计也是为了提醒穿戴者注意仪态：这里的珠帘，促使帝王端坐，不能摇头晃脑；清朝的花盆底鞋子，穿上后女子只能缓步慢行；现在的高跟鞋，女同志们都知道，穿上后想不抬头挺胸都不行。

在冕冠的两侧有丝带系住，这个系带两侧有两颗珠子，是做什么用的呢？有一个成语“充耳不闻”，这里的两颗珠子就叫“充耳”，并不是要人塞进耳朵里，而是垂挂在耳边，象征着塞进去了，它提醒皇帝一点都不要听谗言。

我们第一位皇帝，就立志，或者说人民就希望他敬畏天地，端正自持，远小人，亲贤者，关怀百姓。在皇帝的服饰上，这些都被充分体现出来，每一个细节都寓意深远。

2. 官员：簪白笔

研究官员的袍服，我们还是看汉代，更为完善，留存下来的材料也更翔实，毕竟秦代统治时间比较短。但是秦始皇对官员袍服也是有规定的，三品以上穿绿，平民着白色。

从汉代文官的袍服中，我们可以看到今天熟悉的鸡心领。一般这种袍服里面都需要穿一件白色内衣，衣领要露出来，这是跟今天很不同的。我们现在很少有人会把里面的领子露出来，认为不雅观，但是汉代不管穿几层，每一层都要露出领子，如女子穿三层，就要露出三层领子。

穿这样的袍服一般还要裹头巾，佩戴进贤冠。进贤

簪白笔、戴进贤冠、穿袍服的文官
（山东沂南汉墓画像石，东汉）

冠，汉代众多冠帽中的一种，是文吏、儒士所戴的一种礼冠，用铁丝和细纱制作而成。

文官进言，通常是用毛笔把内容写在竹简上，所以文官出门常常在耳边发际插一支毛笔，当然是没蘸墨汁的。后来发展成一种规定，都要这样做，装饰效果高于实用性，时称“簪白笔”，让人听起来颇为风雅。

秦汉时期官员的区别主要不是在袍服上，而是在冠和绶带上。例如进贤冠上是有梁的，有一梁、二梁、三梁，以三梁为贵。

平时官吏常常穿一种叫“禅衣”的服装，其实就是“单衣”，和袍差不多，只是没有里子。官员们私下坐在一起喝茶聊天的时候可以直接穿着“禅衣”，但是上朝堂一定要在外面加上正式的袍服。

3. 秦始皇陵兵马俑

最后，还是要提一下震惊世界的秦始皇陵兵马俑，战车、弩兵、步兵、骑兵，这个庞大的卫队在地下耸立千年，彰显着一个帝王的威势。这些俑给我们了解秦代官兵的服饰提供了最真实的材料。

地位最高的将军俑最为高大健硕，其次是军吏俑，然后是下面的各类兵种的兵士。从中可以看到，秦代军营中区分彼此身份等级的主要是冠饰，将军俑和军吏俑多戴冠，而士兵挽髻，或者挽髻束巾，武士俑发髻偏向一边，一些研究者认为武士俑发髻的位置与他们的等级是有关系的。我们中学学商鞅变法都知道，秦朝奖励军功，设立了非常多的军功等级和爵位，不同等级爵位的人在军队中的伙食都是不一样的，吃什么样的米什么样的菜，多少米多少菜都是由军人的等级爵位决定的，所以一定要有一个可以彰显他们彼此不同等级爵位的标志。我们今天看军人的肩章，马上就可以辨认出他们的身份级别，而在秦代，你看军人的冠饰就可以明确区分他们的等级。

再来看看秦代将军和战士们的衣服。从秦陵出土的石铠甲我们可以想到真实的铠甲。铠甲由质地坚硬的材质制成，有人说是皮革，也有人说是质地坚硬的织锦。铠甲前胸下摆呈三角形，后胸下摆平直，铠甲绘有彩色图案，未缀甲片。穿这种铠甲的多为临阵指挥的将官。秦代兵士，我们可以看到他们所穿的铠甲缀有甲片，更为坚硬。铠甲形状也与将军不同。

发掘的兵马俑，被世人惊呼为“复活的兵团”，看着这庞大的军团，闭上眼睛，好像真的可以看到遥远的秦代，有血有肉的将军、士兵，怎样披铠甲，穿战袍，怎样拼争着战功，思念着家小。他们居然一站千年，来到了我们面前。

将军俑　　　　　　武士俑

秦始皇陵出土的石铠甲

秦始皇陵兵马俑（局部）

三、美衣美人

穿着汉服的女子，行止有矩，庄重中又透着女子的娇羞和飘逸，可以称得上是大家心中古典中国美人的样子。广义上的汉服，可不是单单指汉朝人的服饰，它是从先秦开始到明朝，甚至清朝汉族人的主要服饰，前后是一脉相承的。这里，我们先给大家简单介绍一下大汉王朝女子的主要服饰。

1. 三重衣

秦汉时期的女子，主要服装是曲裾深衣。我们知道曲裾深衣就是衣襟比较长，从前面绕到后面，再绕过来，腰间用腰带束住。到了汉代，曲裾深衣衣襟环绕的层数更多了，整个深衣通身紧窄，衣服长可曳地，显示出女子的修长和纤细，但是袖子一般都比较宽大，宽袂窄祛，衬托出一种飘逸之态。窄腰修身，大袖翩翩，再加上衣裙曳地，要求女子行不露足，女子只能小步缓行，即使是急走，也是踏着小碎步，保证足部不会从裙中露出，整个身形仪态是多么美丽动人啊！马上浮现的画面，就是长而蜿蜒的回廊，着曲裾深衣缓行的优雅女子。

曲裾深衣，都是交领右衽，此时的深衣领子也比较低，因为要把里面衣服的衣领露出来。不管穿几层衣服，都要把每一层衣服的领子露出，最多的可以穿三层以上，时称“三重衣”。

其实，我们可以想象，女子一层层穿衣，认真地平整衣衫，露出领子的过程，本身就凸显了女子的细致美好。“三重衣”，体现了女子的精致和端庄。

2. 服饰花纹的繁简：贵贱之别

著名的马王堆汉墓中的彩绘，生动地展示了汉代人的服饰穿着。可以看到，图中的女子无论是老妇人，还是后面的年轻女子都穿着窄身大袖的曲裾深衣，老妇人显然地位尊贵，深衣上绣有精美的花纹，而后面年轻女子的衣服则多为素色，绣花较少。我们要知道，那是一个完全手工的时代，绣花意味着大量的人力投入，所以透过花纹的多少，精致繁复程度，也可以猜度出衣服主人的身份是否尊贵。

说到这里不得不感叹，当工业化时代到来的时候，每一件产品耗时都越来越少，贵重的东西再也不是依靠在上面花费的心血精力来体现，而是依靠某种符号。

曲裾深衣
（湖南长沙马王堆出土）

曲裾深衣
（湖南长沙马王堆出土）

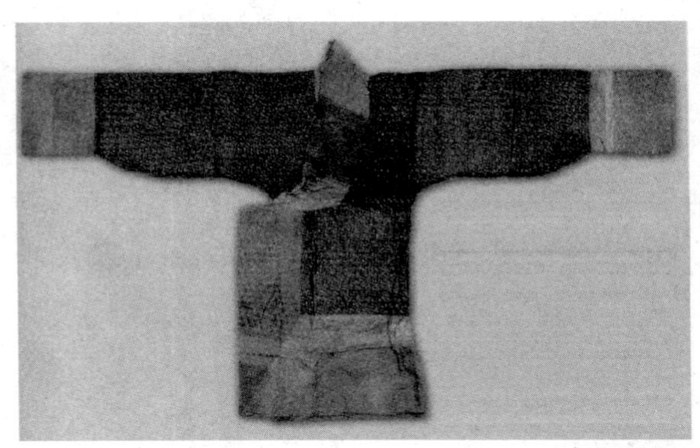

直裾深衣
（湖南长沙马王堆出土）

素纱禅衣
（湖南长沙马王堆出土）

穿三重衣、梳堕马髻的妇女
（陕西西安红庆村出土的加彩陶俑）

与古代绣着精致的花纹，让人一见就可以想象到绣娘垂头劳作之态的衣服相比，我们看的是那些冰冷的甚至分不清真假的 Logo，说起来多少让人觉得有些无趣。

3. 直裾袍服和襦裙

直裾女服，与曲裾深衣相比，缺少一些韵味，显得更为单调，这也是汉代女服的一种。我们可以想象，劳动妇女穿曲裾深衣劳作毕竟是非常不便的，她们一般选择直裾袍服或者襦裙。直裾深衣的典型特点就是直裾，衣襟是直的，无须绕来绕去，袖子也比较紧窄。

襦裙是先秦时代就有的女子穿着，上襦下裙，到了汉代上襦非常短，裙子很长，依然曳地。虽然汉代深衣更为流行，但是襦裙依然保存了下来，事实上，一直到清代，襦裙的式样都没有什么太大的变化，只不过是衣服的长短方面做些改变，所以用现代话来说，似乎可以把襦裙称为经典款。

4. 汉代珍宝：素纱禅衣

图中的这件素纱禅衣，说它是一件稀世珍品，也没有人会反对，它出土于马王堆汉墓。马王堆汉墓本身就是一个不断让人震惊的地方，里面的各种衣服，经历两千年，居然依然完整，颜色鲜艳，不见毁坏。而那个四层棺木里的辛追夫人，面色仿若刚死去的人，皮肤按下去，竟然还可以感觉到弹性。

这件禅衣，衣长 128 厘米，两袖长 190 厘米，领边和袖口还镶着 5.6 厘米宽的夹层，但是整件衣服的重量只有 49 克。49 克，还不到一两啊，真可谓是“薄若蝉翼，轻若烟雾”。

让人不能不浮想联翩，这样的衣服到底属于一个怎样的女子？什么样的人才堪与它相配？她有着怎样妖娆或者端庄的容貌？她身上发生了哪些故事？她快乐吗？至少，得到这件衣服的时候，她一定是荣宠至极，应该非常快乐吧。

5. 美人的发饰

如此美丽的汉代女子服饰，不能不让我们联想到，穿着这样衣服的女子，要搭配怎样的发髻呢？

汉代妇女发髻种类特别多，像“垂云髻”、“飞仙髻”、“同心髻”、“瑶台髻”、“倭堕髻”，等等，最有名的当属“堕马髻”。

所谓堕马髻，就是从头正中把头发开缝分开，分发到头部两侧，到颈后结成一束，挽一个发髻，垂于身后，然后还要从发髻中揪出一缕头发，垂于一侧，造成一种好像刚从马上堕下、发髻不整的落魄感觉。前面插图中穿“三重衣”的女子梳的正是堕马髻。

汉代美人梳的发髻千姿百态，名目繁多，经常有“汉明帝令宫人梳百合分霄髻”，“汉高祖又令宫人梳奉圣髻”，“武帝又令梳十二鬟髻”，诸如此类。天下都是皇上的天下，所以皇上一想看什么发髻，宫中马上就开始梳什么发髻，很快就会流行到民间。但是再名目繁多，基本就是两种主要的款式——垂髻和高髻。垂下来的发髻是垂髻，堕马髻就是垂髻的一种。

高髻追求的是发髻的高耸，这里往往就要用到假发。汉代出现了一种假发叫“巾帼”，很熟悉吧，“巾帼”后来成为女子的代称了。事实上，“巾帼”不能算是简单的假发了，它是用丝帛等制作成的假发，中间还衬有金属框架，有时候只要套在头上就行，中间插上发簪固定。但是高髻梳起来特别烦琐，一般需要外人帮助或者由服侍者梳理出来，而且走动时也要小心谨慎，所以多为城中命妇或者是宫中的妃嫔的发髻形式。在出入太庙、祭祀这种重要的正式场合，是一定要梳高髻的，以显示一种庄重和正式。

不管垂髻还是高髻，汉代女子都会从发髻中揪出一

垂髾
（河北满城汉墓出土的镀金长信宫灯铜人）

缕或者几缕头发，垂于一侧，称为“垂髾”。在梳堕马髻的时候，我们就看到了她们这种习惯。

高髻主要是贵族梳的发髻。那么普通家庭的女子尤其是劳动女性梳什么发髻呢？她们梳一种形状像锤子的发髻，称为“椎髻”。这种发髻也非常流行，毕竟普通女性还是社会的主体，天天梳着楚楚可怜的堕马髻，或者头顶“四尺一方”的高髻，根本不能劳作啊。更不要说高髻也不是普通人家的姑娘能梳起来的，难道让婆婆帮着梳？这在古代就是大逆不道，哪怕有这样的想法都可以休了你。

6. 孟光的故事：椎髻

关于椎髻还有一个典故。我们都知道一个成语“举案齐眉”，说的是梁鸿和孟光这对夫妻的故事，赞扬他们相敬如宾。

不过，刚结婚的时候，梁鸿却不理睬孟光。这又是为什么呢？根据《后汉书》记载，东汉梁鸿娶了同一个县城的孟光为妻子，孟光入门后，梁鸿七天不理睬她，因为孟光嫁进来的时候衣服精美，发髻时髦。还好孟光聪明，很快就“悟”过来了，马上换上简单的衣服，改梳椎髻。书上是这么说的，“乃更为椎髻，着布衣，操

椎髻
（云南晋宁石寨山滇墓出土）

作而前"，梁鸿见此马上转变了态度，再之后就是大家都知道的"举案齐眉"了。

虽然有时候古人的那一点"迂腐"确实很难理解，毕竟孟光还是新娘啊，爱美之心人皆有之，古人不也说"女为悦己者容"嘛，但是古人坚持操守的德性还是值得赞美的。最重要的是，我们从这个故事中可以知道，椎髻确实是属于劳动人民的发髻，代表着质朴和勤劳贤惠。

四、乐府诗中的美丽劳动女性

上一节，我们介绍的多是穿着曲裾深衣梳着堕马髻或者高髻的贵族女性，甚至是价值连城的素纱襌衣和它贵不可言的女主人。事实上，那些着襦裙，善于农事或者家务劳动的女性中也有我们耳熟能详的美人。

1.《孔雀东南飞》中的刘兰芝

描写东汉时期悲剧爱情故事的乐府诗歌《孔雀东南飞》，让我们看到了一个坚强美丽、对爱情坚贞不移的女性形象。从另一方面看，这首诗有助于帮助我们理解东汉年间女子的服饰与生活，让我们看看这首乐府诗给了我们哪些服饰方面的信息吧。

当刘兰芝确定自己要被婆婆驱逐后，把自己陪嫁的物件留给焦仲卿做纪念，说“妾有绣腰襦，葳蕤自生光”，兰芝留给焦仲卿的种种念想中衣服就提到这一件，可见这是她最为珍贵的服装。兰芝应该出身还不错，古代有门当户对之说，焦仲卿虽然自称是小官吏，但是在他决心赴死，辞别母亲的时候，焦母说焦仲卿是世家子弟，在大官府里做官，由此可知，刘兰芝和焦仲卿虽然不是王公贵族，但也应该是那个社会里比较有身份和地位的人。兰芝最珍贵的服装是“绣腰襦”，就是齐腰的短襦，它的珍贵之处在于刺绣精美，十分华丽，光彩熠熠。

在诗中，对刘兰芝决定离开的那个早上的装扮，描写得非常精彩：

> 著我绣夹裙，事事四五通。足下蹑丝履，头上玳瑁光。腰若流纨素，耳著明月珰。指如削葱根，口如含朱丹。纤纤作细步，精妙世无双。

她穿着带有绣花的夹裙，所谓夹裙就是有里子的裙子，可以猜想当时天气应该是比较凉了，根据后文我们知道兰芝回家不到一个月就被逼改嫁，焦仲卿决定与刘兰芝一起赴死的时候已经是“寒风催树木，严霜结庭兰”了，也可以推出兰芝被休的时候应该已经入秋。脚上穿的是一双绣花丝鞋。马王堆汉墓出土的西汉的一双丝履的实物，鞋面用丝缕编织，鞋底用麻线编制。丝织品制造的鞋子，是当时比较华贵的鞋子，东汉以后就非常流行了，即使是贫贱人家的女子也可以拥有一双这样的丝履。

丝履
（湖南长沙马王堆汉墓出土）

兰芝头上簪的饰品也非常华贵，玳瑁是一种海洋生物的壳，制成的饰品光洁美丽，加上这种生物非常长寿，所以玳瑁饰品就有了祥瑞的寓意，据传武则天就用玳瑁制成的梳子、扇子等。耳朵上佩戴着明月珰，简单说就是亮闪闪的耳坠，根据考古发现，珰的样子两头为圆形，中部很细，像缩小版的腰鼓，一般约2厘米，两头都有小孔。

腰间束着素色的绸带，腰肢柔软婀娜。“纤纤作细步”，女子小步款款而行，非常美好。刘兰芝的确是坚强而倔强的，在被休的这一天她也要用自己最美好的样子面对凶神恶煞的焦母，而非哭哭啼啼，无精打采。而且我们应该注意到，无论是走时的穿着，还是兰芝最珍贵的衣服，都是襦裙，根据诗中内容我们知道，刘兰芝在家就学习操持家务农活，嫁过来后也是在家中忙碌，焦仲卿虽然是世家子弟，但是不知道是家道中落还是本来就是小门小户的世家子弟，总之算不上大户人家，需要妻子辛勤劳作，所以兰芝的装束以襦裙为主。

2.《陌上桑》中的秦罗敷

不同于《孔雀东南飞》的悲剧色彩，《陌上桑》充满了轻快与机智，不同于坚强庄重美丽的刘兰芝，秦罗敷娇俏机智，与太守斗智斗勇。诗歌一开头就说了，秦罗敷是一个美丽的养蚕女，十五有余二十不足的她给自己虚构了一个四十岁功名赫赫的丈夫作为对太守的回答，更有人研究说，罗敷虚构的丈夫的形象正是从她最熟悉的蚕的形象生出的。不管怎样，我们都能感受到这个少女的机智和勇敢。

对罗敷的正面描写是：

> 头上倭堕髻，耳中明月珠；绿绮为下裾，紫绮为上襦。

可以看到罗敷穿的是丝绸做的襦裙，上着紫色短襦，下着绿色长裙，戴着明月般闪亮的耳坠，梳着我们前面提到过的倭堕髻，发髻偏在头部一侧，似堕非堕。

在《孔雀东南飞》和《陌上桑》中，作者都注意到了女子的耳饰，小巧的耳朵上佩戴着亮闪闪的明月珠或者明月珰，确实是非常美丽的。打耳洞似乎是女子身份的一种重要标志，影视剧中总是有女扮男装而被发现有耳洞，进而被识破身份的桥段。关于耳洞，一说西汉以前，女子是没有耳洞的，耳朵的佩饰也是像我们前面提到过的“充耳”，是悬挂在耳边的珠子等物，提醒女子不要听闲言闲语。后来东汉年间胡风渐入中原，女子开始打耳洞，慢慢成为习俗。母亲总是会为女儿扎耳洞，用一粒米在小女孩的耳朵上揉到发热，然后用针扎穿，穿上一根草或者丝线。还有一种说法是女子身份低贱，要打耳洞，悬挂的耳饰提醒她注意自己的举动，提醒她要遵从三从四德，遵守三纲（在家从父，出嫁从夫，夫死从子）。无论怎样，各种美好的耳饰，最终也形成了一种美丽的文化。今天的女性依然热衷于打耳洞，为自己增添一点别样的美丽。

第三章，魏晋服饰

一、宽衣飘逸——魏晋南北朝服饰

魏晋南北朝时期，是我国古代政权更迭最为频繁的时期。这是一个很特别的时代，动荡不安，充满了刀光剑影、权谋争斗，但在这里，令人首先想到的却是竹林七贤，他们不羁的姿态和故事是这个时代某种特点的一个缩影。竹林七贤的服饰，完全不同于我们看到的先秦、秦汉时期的服饰，它们宽博飘逸，但是绝不仅仅是宽博而已，露臂裸胸，也几乎是一种常态。与秦汉时期

《竹林七贤与荣启期》

南朝大墓砖画，由上至下，由左至右分别为春秋隐士荣启期、阮咸、刘伶、向秀、嵇康、阮籍、山涛、王戎

规规矩矩的长袍冠冕、端端正正的跪坐之姿相比，这是一个全然不同的时代。

服饰和一个时代的风气是联系在一起的，我们从一个时代的人的故事中，就可以想象这个时代的服饰。你单想想竹林七贤中的阮籍驱车漫无目的地行驶，一直走到穷途末路，然后放声大哭的样子，想想刘伶醉饮三百杯，不把鬼神放在眼中的狂态，想想嵇康临死前那一曲堪称绝唱的《广陵散》，你就可以想到，这个时代的服饰，绝对不可能是紧窄合身的，不可能是缩手缩脚的，它必然像这些故事一样宽广不羁。而当你看到这样飘逸宽广、领口深开的衣衫的时候，你也必然会想到，这个时代一定是开放而不羁的。衣服是身外物，可是，衣服也可以折射一个时代的灵魂，这一点在魏晋南北朝时期鲜明地体现了出来。

1. 宽博袒露的男子服饰

（1）大袖衫

大袖衫实际就是汉代长衫的进一步宽松化，分单衫和夹衫，根据气候变化进行选择，男女都可以穿。

砖画《竹林七贤与荣启期》中竹林七贤穿的均为大袖衫。此时男子喜欢穿白衫，白色是具有洒脱飘逸特质的颜色，而且当时白衫盛行到连出席婚庆喜事都可以穿。从图片中，我们就可以清楚地看到这个时代男子服饰的特点，多为长衫，长及地面甚至更长，袖口肥大，衣身宽松，领子为交领，但是开口比较大，袒胸露臂对男子来说并无不妥，反而是一种不羁之态。竹林七贤是当时推崇玄学的主要代表，“弃经典而尚老庄，蔑礼法而崇放达”，服饰也充满了玄学无拘无束的特点。

服饰的整体风格告诉我们，这是个近乎失范的时代，没有明确的规范告诉他们应该往哪里走，他们不得不自由，这种不得不要的自由，有时候真的是苦涩的，苦涩到阮籍会在看似放荡不羁地驱车驰骋之后放声大哭。

但是自由也是一种伸展，就好像更少约束的服饰一样，这是一个人性得以伸展的时代。

这种大袖翩翩的服饰，不论是在隐士阶层，还是在士大夫阶层，以及在下层都很受推崇。士人的普遍形象也是戴巾子，穿宽衫。苏轼的《念奴娇·赤壁怀古》中刻画的三国时期儒将周瑜“羽扇纶巾”，就有一种说不尽的潇洒风流。这时候佩戴的是“纶巾”，以此束发，而不再戴冠。

穿大袖衫、间色条纹裙的贵妇及其侍从

（敦煌莫高窟288窟壁画）

下层劳动人民虽然也崇尚宽衫，但是他们的服饰更多的时候还是窄紧的，这样比较利落，适合劳作，他们多穿裤。

（2）裤褶

另外一种比较流行的服饰是裤褶，上身为短衣，下身为肥大的裤子。上身短衣可以是大袖，也可以是小袖，下身肥大的裤子，有点像我们今天穿的大喇叭裤。这种穿法，最早是属于北方少数民族的，传到中原后，在这个时期很受推崇。我们可以看到它于简单利落中，依然体现了这个时代服饰的特点——宽博飘逸。

（3）裲裆

裲裆是这时候兴起的一种有特色的服饰，只有前后两片，在肩膀处用带子连接系紧，腰间还要束上大带或者革带，穿在衣物的外面，十分干练利落。后来，裲裆发展成马甲和背心。

2. 飘逸的女子服饰

这个时期是有一个美女形象的代表的，她就是被大才子曹植心心念念的洛神。洛神的形象，可以看作这个时代女子形象的典型代表，一个美的标准。从《洛神赋图》中我们看到，洛神的服饰和这个时代男子的服饰一

戴兜鍪、穿裆铠的武士
（北魏加彩陶俑，传世实物，
原件现存于日本京都博物馆）

样，追求一种宽博飘逸，腰间束一带，顿时纤细的腰身就显现出来了；下摆繁复，带饰很多，随风飘舞，仙姿绰约。

按曹植的描写，洛神“其形也，翩若惊鸿，婉若游龙”；“仿佛兮若轻云之蔽月，飘摇兮若流风之回雪”。从曹植的梦中情人洛神身上，可以看到，这个时期女性所追求的一定是飘逸的。所以女子的衣衫也要宽大，要佩以飘逸的长带。

让我们再看看那个时代女子服饰的普遍样式吧。一般上身为衫、袄、襦，下身穿裙。襦，我们前面提到过，就是短袍。衫、袄、襦，根据季节变化进行选择，上身部分比较紧身合体，以凸显女子的腰身之美，但是袖子非常肥大，以有飘逸之姿。裙子多褶皱，裙长曳地，下摆宽大，这样就有了婀娜飘逸之态。

我们说过，上襦下裙的穿着属于一种经典款，魏晋时期的女子在这里进行了突破，长裙配对襟衫。对襟衫的衣襟没有缝合或者连接，只是用腰间一根带子束住，内里的衣服若隐若现，引人遐想。

间色裙也是此时很流行的一种女子服装，上衣依然是配以对襟，在领子、袖子处都会镶织锦的边缘，它的特点在于裙子条纹间色，腰间配一条帛带，用作系扎。

曹植与洛神相见
（顾恺之《洛神赋图》，局部）

另一种女子服饰，则是杂裾垂髾服。这种衣服是深衣的变形，为一体式长衣，突出的特点是衣服上饰有“纤髾”，“纤”是指裙子下摆装饰的丝织物，上宽下尖，呈现三角形，层层叠叠装饰在衣裙下摆。“髾”则是指上面的飘带。加上“纤髾”后，整个衣服仿佛就有了仙气了，穿上后带饰随风飘舞，宛若仙子。今天已经很少有衣服会加纤髾了，我们一般会在影视剧中看到舞女多穿这种衣服，层层叠叠的。实际上到了隋唐时候，杂裾衣已变成了舞衣，这样的衣服，舞动起来，姿态会很优美。

套衣，也就是我们说的“披风”，披在衣服外面用来御寒，对襟，一般无袖或者窄袖，即使有袖子也是虚设，披在身上，在脖间系带子。风帽，顾名思义是用来御寒挡风的帽子，后面比较长，垂在背上。

穿杂裾垂髾服的妇女
（顾恺之《列女图》，局部）

3. **发髻和发饰**

这一时期，女子的发髻也很有特点。她们喜欢梳高高的发髻，插着美丽的步摇，一动一摇摆，步摇是一种可以摇摆进人心里的饰物。她们还多佩戴假发，希望能堆砌出漂亮高耸的发髻，除了簪子、发钗，还有一种专门用来支撑假发的杈子。

北朝时期的套衣、风帽
（中国国家博物馆藏）

梳着高高的发髻的妇女
（河南邓县出土的南北朝彩色画像砖）

此时颇为著名的飞天髻，就很好地体现了这个时代女子崇尚高髻的特点。飞天髻，像很多潮流一样，是从南北朝时期的皇宫兴起的，后来传到民间。一直到明代，这种发髻都很流行。它是将头发分三份，每一份都用丝带缚住，然后盘旋向上成发髻。

古代的女人，伴随着簪子、发钗、步摇、飘带、纤、髾、从花瓣里得来的胭脂、细细的蜜粉、精心挽起的发髻，总觉得比今天的女子多了几分说不出的韵味。所以洛神甄宓那么一动就走进了曹植的心里，长长久久地在那里生了根，她甚至都不用说话，就成就了一个洛神的形象。而现代的女子，有时候在感激自己得到如此之多的时候，也忍不住唏嘘那些失去的韵味和美好。

4. 给这个时代服饰的结语

这是一个注重美的时代。从女子的服饰上，我们可以感受到一种奢华之风；而男子中，则出现了很多我们至今耳熟能详的美男：何晏、潘安、曹植、王戎……他们俊美到完全可以用形容女子的词汇去描述。这个时代还有放弃男子的阳刚之美穿妇人衣、扮好美态的，据说曹操的养子兼女婿何晏就非常喜欢着妇人服。

可以想见，衣服饰品在这个时代的文化中占有一个特别的位置。何晏之流多少过于阴柔，嵇康、阮籍这样的竹林七贤代表着的是男子的不羁之美，洛神代表着的是女子的飘逸之美。宽博飘逸的服饰下，是这个时代的风骨和美丽，所以有了概括这个特殊时代的词——“魏晋风骨”。承载着这一切的，是一扫前朝规矩的自由而飘逸的服饰。

二、首服和鞋子

1. 首服

我们把头上戴的各种包装物统称作首服，帽只是古代首服中的一种。不同于今天，首服在古代都是有严格规定和意义的。对于我们现代人来说，帽子的意义也许只在于装饰和保暖，对于古人，“首”是一个非常重要的部分，所以“首服”也是被赋予各种意义的服饰。就像我们前面曾经提到的，秦代军营靠“首服”和发髻区分彼此的等级和爵位，清晰严密如同我们今天军人的肩章。一个应该往左边束发髻的兵士，偏偏绑到右边，一个只能戴巾的军吏偏偏戴了冠，一个平头百姓想戴刘氏冠，这些首服上的错误，稍有不慎，就会让人丢了脑袋。所幸，古人也不会轻易犯这样的错误，首服所具有的意义都清晰地印在每个人心里，谁可以佩冠，或者谁永远不能戴冠，这些都是明确且自然的，冠服制度，为每一个人接受。这就是传统和文化的力量吧。

但是与前面介绍首服时严格的规定相比，魏晋时代首服佩戴似乎更为宽松。很多首服都是无论贫贱都可以佩戴的，这也许是这个时代的一个特点。

汉族男子的首服包括：巾、冠、帽。

2. 羽扇纶巾

我们首先来看巾。前面已经提到了“纶巾”，《念奴娇·赤壁怀古》中所说的“羽扇纶巾”形容的是周瑜。但据说，“纶巾”又名“诸葛巾”，听到这个别名，大家应该已经想到这种巾因何出名了吧。而且“羽扇纶巾”用来形容诸葛亮也很恰当，诸葛孔明挥挥羽扇、计上心头的形象通过《三国演义》为国人所熟知。可以这样说，挥着羽毛扇子，戴着青丝纶巾的形象已经成为典型的儒士或者儒将形象，他们谈笑间，就可以退敌千里，樯橹灰飞烟灭。这些人，让这个首服，都生出优雅自信之气。这里，是服饰装点了人，更是人让服饰熠熠生辉。

纶巾可以说是一种特殊的幅巾，因为诸葛亮的特殊佩戴方法而出名。幅巾，是这一类巾的统称，就是指直接用全幅细绢裹头的巾，“幅”是所裁取的丝帛细绢的尺寸单位，故而得名。幅巾一般都是儒者学士佩戴，凸显儒雅之气。竹林七贤这样的贤士是不耐烦做官戴冠的，都戴幅巾，放达自在。

《明刻历代帝贤像》
中诸葛亮的纶巾形象

3. 无论贵贱都可以戴的冠

冠也分很多种。此时出现了一种“小冠”，它得名的原因是“小”，整个形状前低后高，中空。小冠是没有阶级性的，无论贵贱尊卑，都可以戴。

而要说起此时最流行的冠，则是“漆纱笼冠”。冠上覆上轻薄的黑色丝纱，外面既有巾的轻飘之感，里面的冠也隐隐若现，可谓集冠、巾特点于一身。两边有耳垂，颌下有带子可以系住。当时男女都可以戴，有戴“漆纱笼冠”的文吏，也有戴“漆纱笼冠”的抬轿的舆夫。可以看到，在先秦秦汉时期，只有贵族才可以佩戴的，此时平民也可以佩戴了。

小冠的男子

（江苏南京出土陶俑）

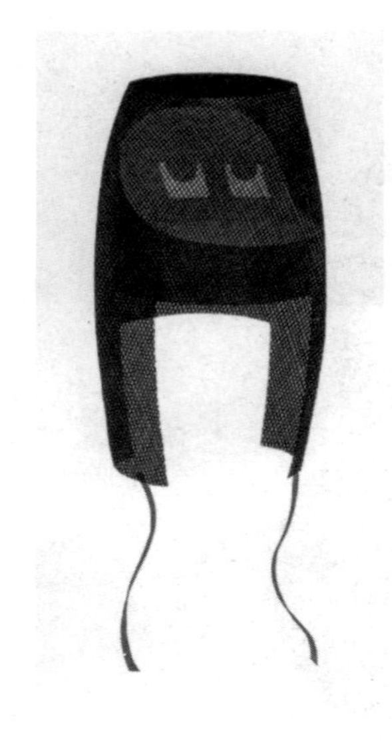

漆纱笼冠
（根据传世帛画、壁画及出土陶俑复原绘制）

在古代，冠和帽是有很大区别的，冠更多的具有仪式性的意义，例如成年后可以加冠，一般只是遮住头顶的一部分。不是谁都可以轻易戴冠的，古代在冠和衣服方面根据场合等级的要求设计了一套冠服制度。但是在分裂动荡的魏晋南北朝时期，统治者即使做出各种规定和限制，也往往无法落实，所以在现实生活中，出现轿夫也可以戴冠的现象。

而帽子覆盖的面积就比较大，一般会盖住整个头部，无论贵贱都可以戴。三国时期，帽子开始在中原地区流行起来，在唐朝绘制的《历代帝王图》中，陈文帝就戴着一种白纱高顶帽子。此时还流行一种大帽，有帽檐，可以用于遮阳挡风，帽顶部也可以插一些漂亮的小饰物。

但是在正式场合，还是要求戴冠的，戴帽会显得比较随意。

戴白纱高顶帽的陈文帝
（选自唐《历代帝王图》）

4. 履和屐

就像我们现在鞋子有各种款式一样，古代也是这样。我们比较熟悉的应该是古代的“靴”，北方通常穿靴比较多。在这里就不多介绍了。

我们来看看“履”和“屐”：

“履”，其实就是古代鞋子的说法，唐代以后才有“鞋”这种说法。《说文解字》里解释“履”说，“足所依也”，脚依靠来行走的，不就是我们今天说的鞋子嘛。履，可以有各种材质。魏晋南北朝时期女子爱穿丝履，利用丝织品制造，比较舒适贵重。也有“皮履”，用皮革制成。“锦履”，利用更为贵重的锦缎制造。红极一时的电视剧《甄嬛传》中皇帝就兴致勃勃地送了甄嬛一双羡煞后宫众人的蜀锦做的鞋子，也可以称为“锦履”，不过清朝已经有“鞋”这一说法了。最低贱的可以用麻草编制成“履”，比较轻便，但是麻草粗糙，穿着不太舒服，且容易毁坏，可是麻草易得，所以穿着的人也很多。这种“履”，也可以叫作“芒”，苏轼有句词“竹杖芒鞋轻胜马”，穿的应该就是这种鞋子了。

履的材质很多，样式就更多了，鞋面可以绣各种图案，还可以镶嵌珠子，就像甄嬛的蜀锦鞋子似的。我们介绍汉代服饰的时候，说过女子长裙曳地，行走时，足

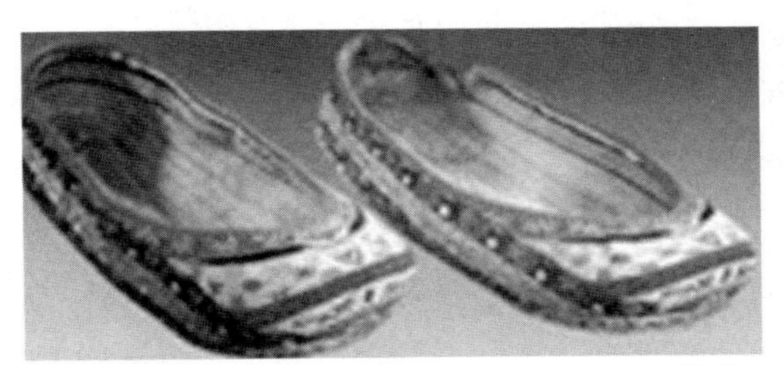

丝履
（新疆吐鲁番阿斯塔那39号东晋墓出土）

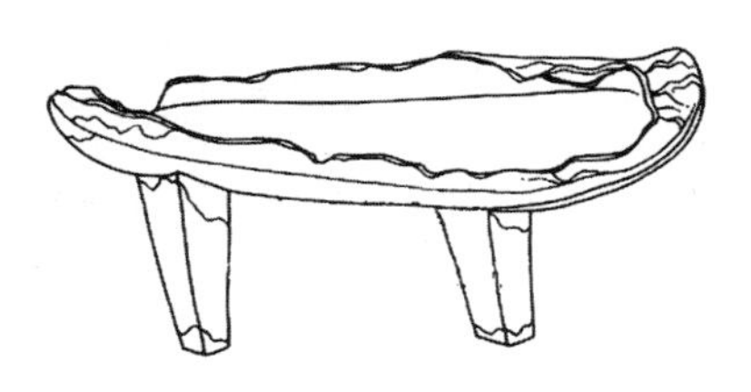

三国时期的连齿木屐
（江西南昌东吴墓出土）

是不能露出裙子外面的。后来出现了一种高头式样的履，即前方可以制作成凤头、聚云等高头，翘起部分露于衫裙之外，行走的时候，既漂亮又可以防止裙子挡脚。履上可以动的脑筋还有很多。《烟花记》提到一种“尘香履”：“陈宫人卧履，皆以薄玉花为饰，内散以龙脑诸香屑，谓之尘香。”穿着这样的履，简直是步步生香。

“屐”，是一种木头制造的鞋子，形状如图。在唐代以前，人们外出登山，在野外多穿这种“木屐”，耐泥耐水，比较结实，能很好地保护脚。南方多雨多山路，人们也多穿木屐。唐代以后，多是用来当雨鞋了。有一种雨天的穿法是穿着丝履再穿上木屐，到室内后只需要把木屐脱掉就可以了。《红楼梦》中有一回，宝玉穿着北静王送的蓑衣斗笠晚上去看林黛玉，黛玉就奇怪为什么宝玉雨天过来鞋子没有湿，宝玉告诉她鞋子外面穿了木屐，脱在屋外了。

5. 饰品：璀璨夺目

前面说完了首服和鞋子，不妨在这里顺便提提魏晋南北朝时期的其他小的饰物。这个时代的女子追求华丽的打扮和雕琢，出现了各种精美的饰物，如我们前面提到的“步摇”。南北朝时期的金步摇，就可以体现此时这种奢华之风，追求首饰的奢华光彩，务必希望耀眼夺目。

这个时期也有很多漂亮的指环，有的在比较宽的环面上凿出点纹，既可以用作装饰花纹，也可以用作顶针。辽宁晋墓出土的一件金指环，环面一边做成矩形，镶嵌三颗宝石，出土之日尚有一颗蓝宝石在上面，足见其华贵。

此时从西北少数民族传入了一种新的带具——蹀躞带，即带有能挂载小物品的小钩或者小环的带子，从此带子除了可以佩戴玉饰，也可以佩戴其他的小物件了。蹀躞带到唐代更为出名，出现“蹀躞七事”的说法，蹀躞七事包括自卫工具、出行工具和护身符。五品以上的武官佩戴以下七种物件：佩刀、刀子、砺石、契苾真、哕厥、针筒、火石。契苾真、哕厥是音译过来的，是指护身符。

南北朝牛头鹿角形金步摇
（中国国家博物馆藏）

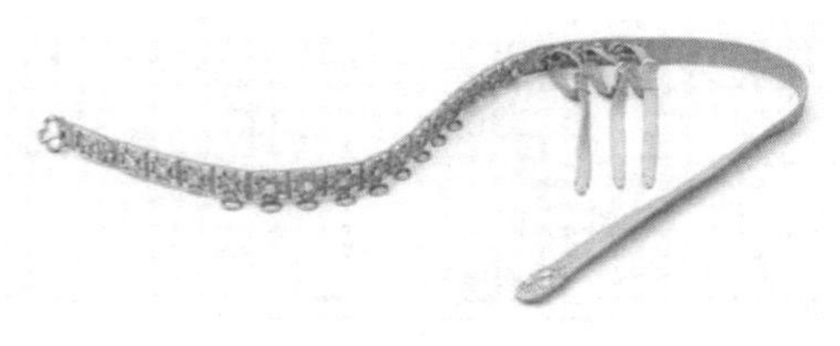

复原之后的蹀躞带
（复制品，吉林省博物馆藏）

三、《洛神赋》中的衣袂飘飘

这个世界上，每隔一段时间就会有那么一个集天地灵气于一身的女子翩然出现，用她们的美丽惊艳世人，然后无可奈何地应着“红颜薄命”四个字，悄然而逝。貂蝉是，昭君是，杨贵妃是，洛神甄宓更是。洛神，不管是上古神话中溺水而死成为洛神的伏羲氏的女儿，还是留下一段悲剧爱情故事的曹丕的正室甄姬，都带着哀婉离开，但是，她们却也永远地留下来，通过文字，通过画卷，美丽的东西再短暂，都不朽。

无论是曹植的《洛神赋》还是顾恺之的《洛神赋图》，都很好地体现了我们谈论的这个时代的服饰特点——宽博飘逸。下面让我们从不朽的艺术中，再次感受这份美丽吧。

1.《洛神赋》

曹植于幻觉中见到的洛神，当然不是真实的，但是却很好地体现了这个时代人们心中的女神形象。一个笔力不凡的文人用美妙的句子让我们看到这个时代的审美标准。这里我们从服饰方面来做一些欣赏。

说到洛神的头发，曹植写到“云髻峨峨”，他说洛神的发髻高耸入云，诗人的想象就是这个时代的审美。高耸的发髻，是这个时代女子追求的美丽标准。如果是现代人来写，描写到头发，怕没有人会用“峨峨”来形容，我们这个时代的女神是乌黑的披肩秀发。

再来看他怎么描述洛神的服饰的：

> 奇服旷世，骨像应图。披罗衣之璀粲兮，珥瑶碧之华琚。戴金翠之首饰，缀明珠以耀躯。践远游之文履，曳雾绡之轻裾。

“披罗衣”、“曳雾绡之轻裾”都极力地写洛神服装的飘逸，如烟似雾。她的饰品特点是华丽，“华琚”、“金翠”、“明珠”，多使用的形容词是“璀粲”、“耀”。可见这时候的饰品的审美倾向就是追求奢华和炫目。而先秦时代的诗人怎样想象自己的情人呢？《诗经》中的美人总不脱淡雅这个特点，即使是贵为公主的庄姜出嫁，在华丽的锦服之外也是要加一件素淡的衣衫的。

在对洛神服饰的刻画中，我们可以看到这个时代追求飘逸和奢华的特点。这个动荡的时代充斥着老庄的道家思想、由此发展来的玄学思想、新传入的佛教文化，都有流动不拘、转瞬即逝的特点，因此服饰也有了飘逸的特点。另一方面，这又是一个追求精致奢华的时代，连男子都敷粉。追求奢华往往不是盛世就是乱世之象，这个时代是纷乱的，处于分裂和动荡中，也是兴盛的，乱世中民族融合极大发展，不仅仅是中原民族和周边少数民族互相往来，中原与通过“丝绸之路”过来的波斯等异国文化也交流频繁。

2.《洛神赋图》

顾恺之是当时赫赫有名的人物画家，这幅《洛神赋图》更是被称为“中国十大传世名画之一”。所选局部图一可以展现魏晋时期文官的整体形象和气质。可以看到，图中的文官头戴进贤冠，前面秦汉服饰部分介绍过，这是一种高冠，有一梁、二梁、三梁，可以显示官员级别。穿极为宽大的大袖衫，好在作为官员没有像竹林七贤一样袒胸露臂，但是衣领也比较低，并且不像汉代，衣领低是为了露出里面的衣服，他们只是追求这种宽博的感觉。从这些画面可以看到，他们是没有穿中衣的，据说，内里只有一件很像现在的吊带衫的奇特内衣。接着，请大家注意他们的鞋子，这个叫“履”的东西，就是我们前面介绍过的高头履，履的前面是高头，露在衣衫外面，走路比较方便。即使是最规矩的官员，

《洛神赋图》局部图一

也有几分仙风道骨，经由宽博的衣衫流露出来。

因为是官员，举止仍保有规矩，无人轻率地露出手，都隐于大袖衫中。对比前面的竹林七贤图，宽博的衣衫之外，还是能明显地感受到为官者严整的气度的。

大袖衫前面部分是“袪”，汉代也追求大袖，不过不仅没有魏晋时期这么大，“袪”也是收口的。到了这时候，“袪”一点都起不到收口的作用了，宽博到极致。

所选局部图二，是穿大袖衫的贵族和侍从，让我们看到这个时代无论贵贱，都这般飘逸着，不仔细看，真

《洛神赋图》局部图二

的分不出贵族和侍从来。不过还是有区别的，驾车的侍从服饰颜色更为素淡，而车上的贵族服饰更为艳丽，衣服用料显得更为华贵。穿大袖衫驾车、骑马，真好像要飞起来一样。

所选局部图三就是仿若仙人的洛神甄宓了，高耸的发髻，飘动的丝带，呈现出翩然欲飞之态，果然是“翩若惊鸿，婉若游龙”。曹植用文字，顾恺之用画面，定格了魏晋时期的女神形象。

经典作品，总是会留住一个时代的风貌，我们可以隔着千年的时空，再次去看，去感受。

《洛神赋图》局部图三

四、百姓服饰

前面我们通过曹植的《洛神赋》和顾恺之的《洛神赋图》欣赏了魏晋时代宫廷贵族的服饰，接下来，让我们走出宫廷，去看看这个时代那些默默劳作着的百姓的服饰。他们也会是宽衣博带的吗？一个农家女在劳动中穿着杂裾垂髾服，飘扬的丝带在桑树下、农田间显然是不适宜的，更不要说她们是否有能力拥有这样的服饰了。那么，这些普通百姓的服饰到底是怎样的呢？

在甘肃嘉峪关的戈壁滩上发现的魏晋时期的墓群，给我们带来了答案。这些墓群中有六座墓室的墙壁上绘有表现当时现实生活的彩画，达六百幅，其中描述底层劳动者生活的彩画有两百幅。这简直是一个宝藏，是一把打开时空之门的钥匙。

1. 魏晋采桑妇女服饰

古代“男耕女织”的生活图景告诉我们，女子更多地承担了采桑养蚕纺织的工作。《采桑图》中的采桑女穿着袍服，腰间围着一件裙状衣物，下衣为“裳”，所

《采桑图》

以可以称作围裳。袍服下搭配的是裤，便于劳作。发髻倒可以看出魏晋时代的风格，梳着高髻，很利落，并不会影响采桑。履，自然不是我们在《洛神赋图》中看到的文官所穿的高履，而是非常简单的样式，甚至我们可以想象也许是麻布制造的，或者是草编织的。魏晋服饰的宽衣飘逸，在这里是没有任何体现的。原因很简单，它们不适合田间劳作。

2. 农夫农妇田间耕作图

男子穿一色袍服，腰间系带，袍服下露出的是便于活动的裤，女子依然是袍服围裳，配着绾起的高髻，当然比宫廷贵妇简单多了，也少珠玉装饰。其实，如果不是这时候的发髻比较有特色，农妇也绾着这样的髻，看这样一幅夫妻共同劳作的画面，很难想象是哪个时代的，几乎是任何时候中国农民的形象。世事不停地变迁，可是中国的农民永远是守着一方土地，默默耕作，玄学与道家、曹植与甄宓那些求而不得的情爱、刘备那些在曹操面前没有说出口的野心，这一切跟他们都没有关系，这些还没有一块丰腴的土地对他们的意义大，他们就像图上这样，穿着最适宜劳作的服装，顺应天时，日出而作，日落而息。爱美的农妇，也许去集市上卖布匹的时候，看到时下流行的发饰，回来慢慢地这样绾起，不需要投入物质成本的头发，是她们喜欢而且可以做到的改变。但是爱美也要有限度，发髻还是要简简单单的，不能影响了田间的劳动，更不能惹得周围的人说不像个庄稼人。

《耕作图》

3. 戴毡帽、穿袍服的猎人

《狩猎图》画的是魏晋时期猎人狩猎的画面，他们头戴毡帽，身穿袍服，袍服下摆与农夫相比，更短一些，以适应狩猎的需要。劳动者的衣着一定是先考虑实用性，然后才可能去考虑审美。我们要知道，那个时代依然是物资匮乏，社会底层的人可以拥有的服装是极其有限的，所以他们一般会选择普遍适用的袍服。帽是百姓常常佩戴的首服，即使是魏晋时代，百姓也很少戴冠，因为冠的实用性不强，主要是仪式性和象征意义，普通劳动者是不会把有限的物质投入这上面的。如果有做冠的资源，我想他们更愿意用来做一顶可以防风御寒的毡帽。大多数时候，严格的首服制度是不允许随便戴冠的，但是即使在魏晋时代，就算没有过多的礼仪方面的约束，普通人也无心和无力去戴冠。

《狩猎图》

4. 戴巾、穿袍服的信史

《送信图》画的是戴巾、穿袍服的信史。依然是劳动人民最喜欢的袍服，没有御寒的需要，他们只需要裹巾即可。这幅图，让我们体会到古代的信件往来，就是这样，靠着一个人、一匹马来传递书信。

底层的百姓，就这样穿着袍服，任世事变化，他们只是默默劳作着。从他们身上也会体现一些时代的特点，但是往往很少。他们好像吞咽了一切社会的变化，服膺于自然，在自然的节奏中，谋求着生存，过着属于他们的简单却不乏安心和快乐的日子，只求没有战争，没有掠夺，但是这样简单的要求，很多当政者依然给不了，做不到。

《送信图》

五、文物中的服饰文化

在这一章结束之前，还是想和大家再看一些流传下来的物品或者作品，看一看可以反映出那个时代服饰的具体特点。魏晋南北朝时期毕竟距离我们太遥远了，我们只能通过为数不多的珍贵文物，一点点靠近那个时代，多一点东西，就会让那个时代更清晰地呈现出来。

1.《列女仁智图》

说到文物，我们还是从顾恺之的画作开始。他实在是那个时代的人中之杰，可惜他的真品都已经散失，我们只能从后人的摹本以及诸如画“如春蚕吐丝”这样的评价中感受他的魅力。《列女仁智图》传为南宋摹本，现藏于北京故宫博物院。所选部分，可以让我们比较清晰地看到魏晋时期的服饰特点。在前一节讨论了百姓没有什么变化的袍服后，现在且用顾恺之的画作把大家拉回来吧。

关于魏晋为什么崇尚宽衣，还有一种说法，就是那个时候人们推崇玄学和道家思想，多炼制、服食丹药，

《列女仁智图》
（北京故宫博物院藏，局部）

以求长生。服食丹药会使人身体发热，穿紧窄衣服就不合适，加之宽衣博带有仙风道骨之感，迎合了他们的需要和想象。

2．北朝陶俑

接下来给大家展示的是北朝时期的陶俑，先看“穿裤褶的男子和女子”，男子和女子都穿着我们前面提到过的裤褶，跟你想象中的一样吗？下面的裤确实非常宽大，宽大似裙；陶俑上身的褶也比较长一点，这是不同于宽衣博带的另一种风情。紧窄的服制多是从西北少数民族吸收借鉴的。汉族本就是以农业为生，加之汉服服制开始就是礼制的一种，不像西北少数民族是马背上的民族，服饰是服务于草原生活的，恶劣的生存环境使得他们在选择服装时必须优先考虑实用性，由此形成了汉族和西北少数民族截然不同的服饰风格。但是，汉族不断从胡服中借鉴学习，双方在服饰上的融合也是不断进行的。

穿裤褶的男子和女子
（北朝陶俑，传世实物）

北魏彩绘女俑中的女俑穿的是窄袖衫裙，梳高髻。这种发髻，看它的形状大家就可以猜出它的名字——十字髻。看女俑的仪态，两手交于身前并入袖中，再看她们的服饰以及发髻，并不是我们前面看到的下层妇女，应该是出自官宦之家或者宫廷，而我们根据前面图片可知魏晋时期即使是侍女也是宽衣博带，这里的窄袖就带出几分异族特色了，这就是北魏的风格。北魏是鲜卑族建立的，鲜卑也属于北方游猎民族，崇尚胡服，我们都知道北魏一个有名的帝王孝文帝拓跋宏，他推行汉化改革，有力地推动了汉服和胡服的融合。彩俑中的女子服饰，也可以让人感受到这一特点。

另一组陶俑展示的是北朝时期的乐人，服饰依然宽博飘逸，乐人头上戴的是我们前面介绍过的小冠，冠缩于头顶。

3. 北凉实物纹样

出土于新疆的纹样充满了异域色彩，体现了这个时期的又一个特点——融合。不仅仅有民族融合，还包括通过丝绸之路与其他国家的融合。这种融合很大程度上可以体现在这个时期的一些纹样上，几何图案并不是中原的传统图案，这些都是民族交流的结果。

北魏彩绘女俑
（陕西西安草厂坡北魏墓出土）

戴小冠、穿襦裙的乐人
（北朝陶俑，传世实物）

北凉几何鸟兽纹锦

（吐鲁番出土，现存于新疆维吾尔自治区博物馆）

说到图案纹样，中原推崇的典型代表是自周代即已经形成的“十二章纹”：日、月、星辰、山、龙、华虫、宗彝、藻、火、粉米、黼、黻。其中需要简单说明的是“宗彝”是一种宗庙祭祀用品，是尊形；黼是指斧头这种图案，告诫为君者应该果断；黻是两个“弓”相背组成的图案，一种说法认为象征君臣既相互依靠，又严格区别，另一种说法认为是告诫向善远恶。对于古人，这些意象是真实存在的，他们敬畏天地，从这些图案或者设置中读出的意象，会被认为是天地给予他们的告诫或者启示，这种敬畏之感，使得人会自觉地服膺于善，远离恶。绣有这些纹样的服装称为“章服”。它们是等级的象征，这些图案一般只用于帝王或者高官，下层人是不能随便使用的，否则即为僭越，而僭越在古代是可以判死刑甚至灭族的。

新疆出土的这些图案与中原对图案的选择和创造方式是不同的。这个时期出土的纹样中也有一些佛教的图案，这告诉我们，此时佛教已盛行，它有较强的影响力。还有具有阿拉伯纹样特征的“圣树纹”，我们从中可以推断出丝绸之路上阿拉伯物品的进入。文物中的服饰纹样可以帮助我们认识那个时期的服饰纹样特点，而我们也可以从这些特点和变化中读出那个时期的社会面貌。

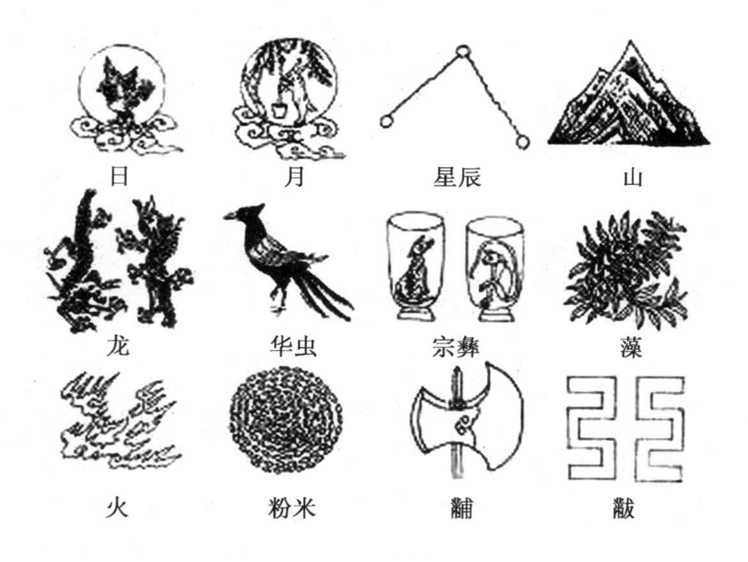

十二章纹

第四章，隋唐服饰

一、华丽开放的隋唐服饰

我们前面说过，魏晋南北朝时期是一个追求美的时代，甚至男子都会着妇人服，敷粉。但是，多少让人觉得是动乱中一种带有病态的美，是无法选择后的选择。而隋唐，尤其是大唐时代，是一个真正充满服饰美的时代，是一个美得有底气、美得大气浑然的时代。

隋唐时代，是我国封建时代发展的高峰期，更是一个开放的时代。据说唐代的街上，可以看到胡人、波斯

唐联珠四骑猎狮纹锦
（局部，日本京都法隆寺藏）

人、东洋人，等等，各种文化在这块富饶的土地上碰撞交流，真是一个自由开放的盛世。

我们说隋唐服饰华丽，是因为隋唐时期的丝织技术进步，丝织业非常发达，丝绸被用作主要的服饰材料。而服装的颜色更是偏好鲜艳明亮的色彩，图案多样，如我们选取的《唐联珠四骑猎狮纹锦》，印制的是大气的狩猎图。明艳的色彩，多样的图案，华丽的丝绸，尽显这个时代的自信和雍容华贵。

说它开放，是因为它确实开放。唐代出现了我国历史上唯一一位女皇帝，而同时代的上官婉儿、太平公主、韦后都在历史上留下了浓墨重彩的一笔。这是一个张扬个性的时代，女子都可以尽情地舒展，服装上自然亦是大胆开放的，唐代吟咏美人的诗句，直接说“粉胸半掩疑暗雪”，就是邻家女子都是“日高邻女笑相逢，慢束罗裙半露胸”。的确，唐朝女子可以只着一抹胸，外罩轻纱，可不是粉胸半掩嘛！

它开放的另一方面表现在这个时代的兼容并包上，它不断吸收各方文化，不断推出各种新奇的服饰造型。中原历来认为北方少数民族是化外之民，即使学习了他们，推广胡服也不过是君主发了狠，想要强大军事，着胡服的也多为下层百姓，为着劳动方便。到了大唐，可不这样，着胡服一度成为女子服饰的潮流，上层贵妇欢快地穿着胡服，显示着自身的另一种美丽。

1. 唐代男子的服饰

这时期男子的一个典型服饰搭配就是图片中的圆领袍衫，配上幞头，脚蹬黑革靴。袍衫我们已经很熟悉了，一种一体式长衣，此时盛行圆领，而不再是交领。

幞头，是唐代盛行的新帽子。以前我们讲过冠，大家一定还记得竹子做的刘氏冠，讲过幅巾，诸葛亮、周瑜戴的纶巾。幞头作为一个新的束发饰品，其实前代就出现过，不会有任何东西是突然出现而且是全新的，一定都要经过一个演化的过程，只不过幞头发展到唐渐趋完善，开始盛行。幞头是一种包头的软巾，大家看图片应该会觉得非常熟悉，这不就是我们常常叫作“乌纱帽”的东西嘛？确实是，因为幞头所用的纱罗通常是青黑色，所以后代称为“乌纱帽”。软巾内有骨架，支撑起来，帽身上的带子叫“幞脚”，开始是软带，后来内里加入金属丝，便可以弯出各种形状，也可以加入其他硬质物品，做出各种形状的幞头。

圆领袍衫

幞头

上层人物穿长袍，下层百姓依然是多着短衫，既是劳作方便，也是出于经济以及身份的原因。再开放的时代，依然是封建等级时代，等级是它抹不去的特点。官员的朝服根据颜色和图案可以区分等级和官阶。例如，在唐代一个官员着紫色，那么他身份一定不低，因为只有三品以上才可以着紫色。而青色的官服则是我们说的芝麻官，按规定，八品官服是深青，九品是浅青色。《琵琶行》里的名句“江州司马青衫湿”，就是引起大家争相考证的一句话。虽然江州司马是五品官，本应着绯红袍，但是白居易此时只是职事官为五品的江州司马，其阶或者散官只有九品。这里面非常复杂，感兴趣的朋友不妨参考下大学问家陈寅恪对此的研究。但是，我们可以看到的是，着青衫的白居易此时只是芝麻大小的官，是失意的，所以对琵琶女的遭遇尤其同情，发出

"同是天涯沦落人"之叹。

2. 唐代女子的服饰

我们看到的影视剧里轻纱曼罗、半掩半露的唐朝女子形象，是这个时期女子服饰选择的结果。唐代女子的服饰是有诸多选择的。

短襦裙装，即使是这种传统的上衣下裳，她们也偏偏能穿得非常不一样，非常大唐。有可能裙高到腰际以上，或者高到胸上面，一直到腋下，使得整个人显得格外高挑。如果她们长裙外直接罩一件丝绸或者轻纱衣，那么便有了胸前一片雪白的情景。看到这里，不能不想到今天女子服饰中的抹胸长裙，这不就是唐朝时及腋下的长裙的复活吗？唐代女性虽然不太会直接外穿，但是她们却可能只罩一层轻纱，若隐若现比直接外穿魅惑更甚。

还出现了新的半臂衫，顾名思义，就是短袖，可以穿在短衫或者短襦外面。衣服出现了翻领，这是从胡服吸收来的特点。中原服饰多为交领或者圆领。交领，无疑把胸前包裹得非常严实，圆领也有这种功效，但是翻领就是露出胸前皮肤了。两臂搭上一条披帛，披帛就是

唐代周昉《簪花仕女图》
（局部，现藏辽宁省博物馆）

长条形状的巾子，搭于肩上，绕在两臂之间。可动可静，实在是婀娜曼妙得很。

这一时期的女式大袖衫，袖子宽到一米多，垂到地面，显得非常飘逸。

此时的唐装一方面走向展现女性婀娜动人的体态，另一方面也有女装男性化的特点，例如上流社会的贵妇喜欢着胡服，或者干脆着圆领袍服的男装，这些甚至成为一种风气。她们只是尽情地展示着自己的个性和美丽。要知道，男女有别在古代是非常重要的一个原则，所以唐代女性可以穿男装，体现的是一种非常大的开放程度。

但是，封建时代，毕竟不同于今天，对女性的要求依然严格存在。粉胸半掩只是内宅中才能有的，或者是歌女才会这样做。但在漫长的封建社会中，这已经是非常开放的存在了。

3. 唐代女子的发髻和妆容

唐代女子的发髻式样繁多，而且其样式充满了创造力和想象力。发髻可以这样梳，那样绾，更不要说再佩以各种钗簪饰品了。但是总的特点是崇尚高和大，所以多会用到假发和假发髻，例如双垂髻、乌蛮髻、惊鸿髻，或者加上梳子梳高髻，或者加钗梳高髻。

此时女子的妆容也是多种多样的，先说说她们通常的化妆顺序吧。首先要敷铅粉，相当于我们现在打粉底，铅粉会让皮肤看起来白嫩，但是我们都知道铅对皮肤非常不好，不过那时的人们并不知道这一点。然后就是涂胭脂，使得面色看起来白里透红。下一步就是画眉毛了，眉毛画浓为“黛眉”，画得细而长为“峨眉”，粗而广为“广眉”。接下来就是贴花钿，在额间贴上或者描画上图案。她们还会点面靥，也就是点出酒窝。最后涂上口脂，也就是口红。一个精心装扮过的女子就产生了。

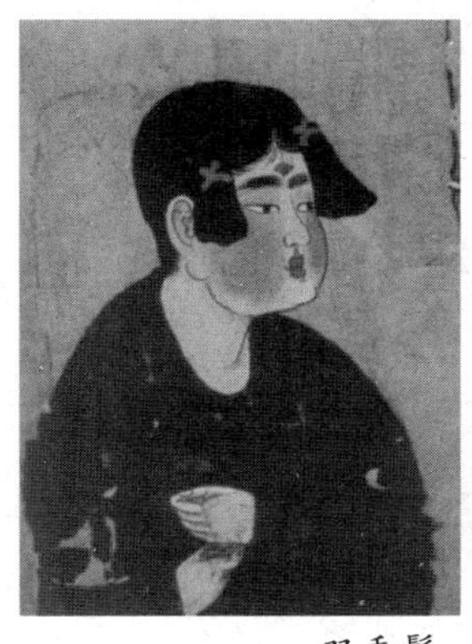

双垂髻
（《弈棋仕女图》局部，新疆吐鲁番唐墓出土）

乌蛮髻
（陕西西安鲜于庭诲墓出土的三彩俑）

《观鸟捕蝉图》
（局部，陕西乾县唐章怀太子墓壁画），左侧宫女头梳高髻，将披巾一端托于左手，右手举起，抚摸金钗，仰望天空中的鸟儿；右侧宫女，头梳双螺髻，身着男装，举手捕打树干上的一只小蝉

4. 皇帝专用的颜色

最后还要告诉大家的是，自唐代以后赭黄便成为皇帝的专用颜色，因为其他黄色与赭黄不易区分，所以整个黄色都不再是其他人可以使用的颜色了。在唐以前是没有这种规定的，虽然早在汉代黄色已经是一种尊贵的颜色了，但那时它还没有成为臣民的禁忌，而自唐代开始黄色就成了天子的象征，对于其他人来说就是禁忌，黄色从此成为一种被管制的颜色。

一个人完全占有了一种颜色，一种颜色就被赋予了神圣性，这也是等级社会等级区别的必然要求。所以当我们着迷于大唐自由奔放的时候，也不要忘了它依然是一个封建等级社会。

大唐风气，说不尽的浑然大气，说不尽的风流婉转，就让我们细细地品味吧。

二、云想衣裳花想容

在前面对隋唐服饰的概述里，我们已经简单介绍了这个时代的女装，可是，那怎么够呢？只大唐一代，要细说这女装，恐怕三天三夜都说不完，这里让我们再辟出一节，细细地数数那些风格多样、妖娆美丽的大唐女装，以及那些样式繁多的妆容。

说此时的女装多姿多彩，是因为这时候只有想不到，没有看不到的。襦裙最为流行，大唐女子偏偏能穿出别样风姿；宽达一米多的大袖衫，在此时也是一种潮流；窄袖也有，胡服或者回鹘装都是，但是两者又是一紧一松，两样风情。

我们都知道唐明皇和杨贵妃热爱舞蹈，此时的舞蹈也有迥然不同的风格，有舒展柔美的“软舞”，刚健有力的“健舞”，自然舞蹈服装也是截然不同。再加上款式多样的“半臂”，可以选择不同搭配方式的“披帛”，这个时代的女子，可谓有说不尽的多姿妖娆！

1.《簪花仕女图》：广袖衫裙

我们看《簪花仕女图》，似乎总有一种从容闲适的感觉，好像生活就是这样，本就没有什么大不了的事情，就是看看花，逗逗狗。带给我这种感觉的除了画面人物的活动，我想更多的是这些人物自己，肤如凝脂，身穿大袖纱罗衫，满满的都是雍容华贵，让人想不到外界的喧嚣，想不到外界的尘土，只觉得现世安稳。

所选的两个局部图，展示了三位仕女，都为宫廷贵妇，还有一个侍女。无论主仆，都是内穿及腋下的长裙，外罩大袖纱罗衫。纱罗这种布料，柔软轻薄，内里的皮肤和衣服都是若隐若现。

我们看局部图一左侧第一位仕女，穿红底团花长裙，外穿大袖纱罗衫，梳着云髻，发髻上簪花。化的是当时流行的“黛眉妆”，化黛眉妆之前先要把眉毛都剔去，然后用画眉的青黑颜料，画上想要的眉毛样子。身上的披帛绕过身前在两臂垂下，披帛在唐代一般都是丝绸做的，比较有垂坠感，配纱罗衫非常合适，因为纱罗轻盈，配上一条垂坠的披帛，便多了一点贵妇的庄重。披帛的披法，也是不固定的，可以绕于身前在两臂垂下，也可以直接垂于后背，两端绕于两臂，或者一端系于左腰间，另一端绕过来然后垂于右臂间。

唐代周昉《簪花仕女图》
（局部图一，现藏于辽宁省博物馆）

唐代周昉《簪花仕女图》
（局部图二，现藏于辽宁省博物馆）

局部图一中右侧的仕女着红色长裙配深色大袖纱罗衫，又是一种感觉。虽然唐代对于足部是露出来还是收进去并没有规定，但是穿这种宽博的曳地长裙，她们的足部都自然地收在裙底，移动间只见轻纱长裙缓缓前行。

2.《虢国夫人游春图》：穿男装的妇女

虢国夫人是杨贵妃的三姐，因为唐玄宗宠幸杨贵妃，所以厚封了她的三个姐姐，她们奢华糜烂的生活被很多野史记载过。

图中穿青色窄袖上襦、配粉红色裙、搭白色披帛的可能就是虢国夫人。

杜甫的《丽人行》就描写了杨贵妃姐妹出行的豪奢情景，无一讽刺之语，却是在描述中处处讽刺。这里我们只看杜甫是怎么描述虢国夫人的服饰的：

> 绣罗衣裳照暮春，蹙金孔雀银麒麟。
>
> 头上何所有？翠微㔩叶垂鬓唇。
>
> 背后何所见？珠压腰衱稳称身。

杜甫说，她们穿的是绫罗绸缎，罗衣上用金丝绣的孔雀，银丝绣的麒麟，头上戴的是翠玉做的花饰，垂在两鬓，连裙腰处都有珠宝镶嵌。我们从中可以看到大

唐代张萱《虢国夫人游春图》
（局部，宋摹本，现藏于辽宁省博物馆）

唐时代贵妇服饰的奢华，多用绸缎，刺绣精美，不仅仅有用各种五彩丝线的“五彩绣”，还有这里杜甫提到的用金银线的刺绣，追求艳丽明亮的色彩，使用大气祥瑞的图案。

3. 甘肃安西榆林窟壁画：穿回鹘装的妇女

张大千临摹的甘肃安西榆林窟壁画，图中妇女所穿即为回鹘装。

回鹘是我国西北少数民族的一支，他们的服饰对唐代服装也有重要的影响。回鹘女装的特点是一体的长衣裙，翻领，袖子比较紧窄，但是裙身却比较宽松，腰间束带。相应的发髻也不是唐朝流行的高髻，而是回鹘髻，呈锤状，两边都要簪钗，对称，然后戴上金凤冠。脚上穿的是笏头履，我们前面介绍过前面突出的高履，这里突出的部分很像笏板，所以叫笏头履。

4. 唐代舞蹈服

唐代推崇歌舞，加上像唐玄宗这样的帝王喜欢且擅长舞蹈，我们便可以想象这时候舞蹈之盛大。唐代舞蹈总体上分为中原舒展柔和的“软舞”与带有少数民族特色的“健舞”。

穿回鹘装的妇女

（张大千临摹甘肃安西榆林窟壁画）

唐代不同的舞蹈，通常是配有特定服装的，例如著名的《霓裳羽衣舞》，传说这是由唐玄宗亲自编创的舞蹈，杨玉环领舞。它表现的是唐玄宗梦游月宫的情景。整个服饰和歌舞追求的都是一个“仙”字，所用的服饰自然是轻纱曼罗，“虹裳霞帔步摇冠，钿璎累累佩珊珊”，体现的是轻盈飘逸，犹如进入仙境。

唐代敦煌壁画中的舞蹈形象

再比如唐高宗创制的《上元舞》，是用于祭祀天地的舞蹈，所用舞衣都绘有五彩云朵，整个舞蹈的感觉缓慢庄重，以此向天地致敬。

而“健舞”类里最有名的就是柘枝舞，是从西域石国传到中原的舞蹈，而石国又名柘枝国，所以舞蹈以此得名。身穿充满民族特色的服装，足蹬锦靴，整个舞蹈刚健明快，伴随着鼓声，变化多端，舞蹈结束时还有深深的下腰动作。

5. 唐代女鞋和女帽

说了服装，也要提一下这时候的鞋子。妇女喜欢穿履，材料可以是锦缎，也可以是彩帛，或者皮革，当然也有我们提到过的高头履，例如配回鹘装所穿的笏头履。穿男装或者胡服的女子，往往会配一双小靴子，带出一种英气美。此时有一种比较流行的蒲履，蒲草编制，非常费工，但是穿着很轻便。

唐代妇女骑马出行，会戴帏帽，它是一种高顶宽沿的帽子，四周缀有网状的面纱，既为了防风沙，也是为了防止人窥视。开始的时候，前面也是有面纱的，随着风气逐渐开放，前面的面纱已经去掉，慢慢地又演变成只有一张帛巾包裹住头的两侧。

戴帷帽、穿襦裙的女子
（新疆吐鲁番出土的彩绘俑）

6. 唐代女子的妆容

前面一节中我们给大家介绍了唐代女子的化妆过程，这里我们看看唐代女子的妆容特点。一个突出的特点是唐代女子妆容尚“红”，是名副其实的“红妆”，她们特别喜欢用“胭脂”。我们总说“胭脂”，那么它到底是什么？为什么叫“胭脂”呢？胭脂的来源，一说是来自西域的焉支山下的红蓝花，把这种花捣碎，滤去黄水，只留下红色的部分，遂成胭脂。根据这种说法，胭脂是随着张骞通西域传到中原的。汉代女子开始使用，唐代尤为盛行。另一说是胭脂为商纣时期燕国的产物。无论它的由来如何，它出现后，便让女子爱不释手。

唐代另一流行妆容即为“桃花妆”。女子面若桃花被认为是非常美丽的，“桃花妆”就是利用胭脂化出面若桃花之态。化桃花妆的时候唇也要经过精心妆饰，她们不是画整个嘴唇，而是只画中间那一部分，看起来嘴巴非常小，可见此时追求的是樱唇一点，称为点绛唇。

“晓霞妆”，又称为“斜红”，是唐代流行的又一种妆，在脸侧化似新月的一抹斜红作装饰。这个妆最早起源于曹魏时期，据说魏文帝曹丕宠幸的宫人薛夜来，晚上看不清，不小心碰到屏风，弄伤了脸，犹如晓霞将

饰桃花妆的妇女
（唐代《弈棋仕女图》，局部）

散，宫人们看到后纷纷效仿，用胭脂化出伤痕的感觉，由此有了这个妆。说到这里，不得不感叹，美人不管怎么样都是美的。薛夜来撞伤，都被人效仿，西施心痛，捧心蹙眉，也有人效仿。这些告诉我们两点，一是美人无敌，再就是爱美之心，人皆有之。

我们前面也提到过面靥，就是对酒窝处的妆饰，关于这个也有一些说法。一说是以前有个美丽的贵妇，唯一不足的就是酒窝处有斑点，于是就对此处加以妆饰，结果呢？大家肯定知道，就跟夜来的斜红、西子的捧心一样，人人效仿。还有一个说法是，宫人中如果有人来月信，不能侍寝的就化面靥，传出宫外，人人效仿。写到这，不能不感叹，果然宫里每个女人都是皇上的啊，不能侍寝时还要自觉主动地说明。

7. 发饰

提到发饰，你一定马上能想到这个美丽的名字——步摇。步摇一定是发饰里很重要的一种，它出现后，就没有再没落过。在唐玄宗宠爱杨贵妃的众多故事中，有一个是与步摇相关的。《杨太真外传》载，唐玄宗曾经让人从丽水取了上等的紫磨金做成步摇，亲自给杨贵妃簪于发髻之上。在帝王的宠爱中，最难得的就是这“亲自”二字了，可见贵妃盛宠。紫磨金是指上品黄金，非常贵重。

其他流行的饰品很多，例如用鸟的羽毛做成的簪饰，或者簪真正的花朵。唐代的云髻，在前面簪花是非常漂亮的，在《簪花仕女图》里可以看到这样的画面。唐代还盛行簪小梳，把小梳子簪于发髻，露出半月形的梳背。自然梳子材质不仅仅局限于各种木头，还有黄金、白银、玉石以及犀角，它们已经成为头饰，而不仅仅是梳头的工具。

唐代追求高髻，自然少不了“义髻”，就是假的发髻，杨贵妃尤其爱“义髻”。

8. 锦绣

此时各种服装的背后，就是纺织业的发达，出现了各种绸缎和刺绣。支起绣架，女子低头一针一线地绣着美好的图案，实在是一幅迷人的画面。关于刺绣，我们前面提到过，此时唐代不仅仅有五彩绣，还有金银绣。唐代开创了一种新的绣法，就是用金银丝线围绕着轮廓不断盘绕，这样就绣出一种立体感。山水楼阁、花卉禽鸟都可以进入绣品中，唐绣的图案和这个时代的风格一样，欢快明丽。此时还出现了一种特殊的绣品——“发

卷草凤纹锦
（局部，唐，日本奈良正仓院藏）

绣”，顾名思义，就是用真人的发丝做线，进行刺绣。它的出现是因为此时佛教比较兴盛，信徒为了向佛祖表达虔诚，运用发丝绣出佛经或者相关图案，以此敬献给佛祖。

而说到锦，更是丰富。唐代宫锦，有各种特定的图案，例如对雉、斗羊、翎凤等，还有龙凤这样的祥瑞图案。彩锦，是相对于素锦而言的，就是用各色丝线纺织出的锦。唐代的纺织工艺五法就是指“织、绣、绘、缬、贴”五种方法，所谓织，就是这里说的织出锦；绣，就是指刺绣；绘，就是用金银粉在衣裙上绘；缬，是指印染出图案；贴，就是把绢帛上好看的图案剪下来直接贴到绸缎上，温庭筠有词“新帖绣罗襦，双双金鹧鸪”，就是指这种手法。

丰富多彩的料子和纺织工艺，是大唐各色美丽衣服的基础。随着这些技术的发展，生产力的提高，下层妇女也可以拥有素色丝绸的衣服，但是她们主要还是以麻布的衣服为主，而彩锦或者刺绣的衣料，更不会是她们能够拥有的，对于她们来说依然奢侈。

9. 以胖为美的时代

每次说到唐代是一个以胖为美的时代，总是会听到女人扼腕的声音："我要是生在唐代就好了。"好像生在唐代就没杨贵妃什么事情了。这里必须要说明的是，唐代的胖，更多是指丰腴，而非赘肉。当然很多人热衷于猜测杨贵妃的体重，有野史记载说杨贵妃身高 164 厘米，体重 138 斤，这样看确实非常丰腴。但是，我们要知道大唐的胖女人可不少，贵妃如此得宠绝不仅仅因为她胖，"温泉水滑洗凝脂"，她拥有这欺霜赛雪的光滑皮肤，美丽的容颜，又能歌善舞，非一般女子可比。唐代服饰多袒露，欣赏的是丰腴的美丽，很有今天"性感"的意味。

从唐代《簪花仕女图》上，我们可以看到这个时期美人的特点：额宽，脸圆，体态丰满。这是一种自然的雍容之美，可见这个时代女子受的约束很少。另一说是，高祖李渊拥有鲜卑族血统，而鲜卑等游牧民族都是喜欢肥臀健壮的牲畜，所以圆润美成为他们的一种审美倾向。不管是哪一种，丰腴的美人，配上性感的衣服，真正可以说是开放从容的大唐。

一个 138 斤的女人，如此恣意任性地美丽着，这是我们这个在形体上几近扭曲的时代所不可想象的，更是让我们欣羡的。不过我们也要知道，在杨贵妃之前受宠的梅妃，据说是比较清瘦的，而武则天，也不是以胖出名，写到她更突出的是她的娇媚和智慧，可见美人之美，更多的不在于胖瘦。

10. 唐装绝非唐代服装

这里，我们需要纠正一个容易产生错误联想的事物——“唐装”。现在社会上流行的唐装的主要特点是：立领、对襟、盘扣，这是清朝服饰的特点，并且结合了一些西式剪裁的特色，与我们前面介绍的唐朝服饰没有任何相同之处。所以“唐装”与唐代没有关系。

“云想衣裳花想容”，“名花倾国两相欢”，这是李白写杨贵妃的美丽的，那个时代这样美的女子绝不仅仅杨贵妃一个，她们美得张扬，美得肆意。

三、她们的服饰故事

1. 安乐公主的百鸟裙

安乐公主也算是唐朝历史上比较有名的一个人物，她是唐中宗李显的第七个女儿，因为生在逃难的路上，所以唐中宗称帝后对其极尽疼宠，安乐公主的一生都是骄纵任性的。百鸟裙，既是一件旷世珍品，也是安乐公主豪奢的见证。百鸟裙，完全是用各种鸟儿的羽毛织就的，所以颜色鲜艳，令人眼花缭乱。《新唐书》记载说“正视为一色，旁视为一色，日中为一色，影中为一色，而百鸟之状皆见”，从正面看是一种颜色，从旁边看就是另一种颜色，在阳光下和在阴影中看颜色也不同，并且从中还可以看到百鸟的形态，可以想见工艺的复杂和精湛。据说，为了安乐公主的百鸟裙，朝廷竟派军队专门到岭南捕捉各种羽毛美丽的鸟儿，很多鸟儿因此灭绝。后来，很多贵族竞相效仿，纷纷捕捉鸟儿，制作衣裙，一时造成了一场生态灾难。生在没有鸟枪的唐代，鸟儿也是危险的，只因为豪奢的公主喜欢百鸟裙。

苗族百鸟裙
（现代）

后来安乐公主出嫁的时候，地方官向她进献了一条特制的“单丝碧罗笼裙”。“单丝碧罗笼裙”是指用轻软的罗纱裁制的纱裙，罩在其他裙子外面，为隋唐时期的舞衣。而这条进贡给公主的裙子自然有其独到之处，据说是用金线绣出各种花鸟图案，而鸟儿只有黍米粒大小，但是眼睛嘴巴都清清楚楚绣出来，可见做工之精细，这样的裙子真的是要熬瞎匠人的眼睛。

安乐公主被认为是唐代最美丽的公主，但是穷奢极欲，权力欲极强，梦想成为武则天那样的女皇，可是政治斗争能力又不知道比武则天差多少个等级，终于被唐玄宗所杀。据说，安乐公主死时，正在对镜画眉。

2. 杨贵妃的郁金裙

杨贵妃非常喜欢一种叫郁金裙的长裙，这种长裙是用郁金草染成黄色的，郁金草是一种有着芳香气味的草，在日光下，这条裙子散发着郁金草的芳香。艳丽的黄色，映衬着洁白的肤色，加上贵妃高超的舞技，隐隐的暗香，这样的杨妃，唐玄宗如何能不痴迷。而杨贵妃也可以算是那个时代的时尚达人，她穿此裙，朝人纷纷效仿，一时郁金裙也成为一种时尚。杜甫就有诗云："烧香翠羽帐，看舞郁金裙。"可见这种裙子在当时非常流行。

3. 太平公主着男装

《新唐书·五行志》记载："高宗尝内宴，太平公主紫衫、玉带、皂罗折上巾，具纷砺七事，歌舞于帝前。帝与武后笑曰：'女子不可为武官，何为此装束？'"武则天宠爱的太平公主在宫廷内宴上，穿着紫衫，腰缠玉带，头戴幞头，纷砺七事就是我们前面提到过的蹀躞七事，可见太平公主的装扮是一套完整的唐代武官的样子。我们看帝后的反应，并不以女子着男装为怪，只是觉得好笑，笑问："女孩儿家又当不了武官，你穿成这样干什么啊?"细品品，于服饰之外，也是一种天伦之乐。

4. 武则天的红裙子

二十六年前，宝鸡法门寺出土了大量唐代丝织品。这些丝织品的工艺，震惊世人。其中有一项"缠金线"的工艺，最细处只有0.06毫米，比头发丝还细，就是现代工艺也很难做到，令世人拍案叫绝。

与这批珍贵的丝织品一同出土的还有武则天穿过的一条红裙子。唐代喜欢艳丽的色彩，红色罗裙就是他们很喜爱的一种，白居易《琵琶行》中就有"血色罗裙翻酒污"之说。

唐代的露胸装束，也是如此，有身份人家的女子，乃至公主都可以这般穿着，歌女舞女也可以这般穿着，但是平民家的女儿是不可以的。唐代崇尚歌舞，推崇享乐，虽然歌舞伎身份并不高，但也是美的代表，所以经常可见宫廷贵妇和歌女舞女着同一时尚的服饰或者妆容。而这些与农家女都是无缘的，"慢束罗裙半露胸"是唐代的一个特色，但却与普通人家的女子不沾边，而只属于高贵的公主，属于受封的命妇，属于声色场中的美丽女子。

刘禹锡诗“农妇白纻裙”，告诉我们农妇们通常穿的是素色裙子，白色或者青色，那些艳丽的颜色不属于她们，那些精美的刺绣也不属于她们。

《贫女》一诗云:“敢将十指夸针巧，不把双眉斗画长。苦恨年年压金线，为他人作嫁衣裳。”我们从中看到，那些黛眉、远山眉、柳叶眉往往都跟她们没有关系。我们说郁金裙，人人效仿，这个“人人”显然也不包括农家女。唐代的女子喜追时尚，大胆开放，爱好妆容服饰，这些更多的是局限于上层社会的女性和声色场中的女子。

四、唐朝官吏的服装

唐朝承袭隋朝制度，在官员的服饰上做了严格的规定，只是随着时间的变化，有些过于烦琐的规定，难免慢慢会被当时的人改变或者忽略。官员服装分为常服、公服、朝服和祭服。

1. 常服

唐代官员甚至皇帝在平时都喜欢穿着我们前面提到过的圆领袍衫，头戴幞头。在阎立本所创作的《步辇图》中，我们可以看到唐太宗以及其他官员都穿着我们说的这种圆领袍衫。虽然所画图为吐蕃使臣朝见大唐君王，本应该穿更为正式的服装，但是却着常服，可见两国之间关系亲密。我们都知道此时吐蕃与大唐和睦，文成公主和松赞干布更是一段佳话。

唐朝官员服饰的一个重大变化是规定了颜色来区分等级。根据专门记录服饰的《新唐书·车服志》：三品以上袍衫紫色，五品以上绯色（四品袍深绯，五品袍浅绯），七品以上绿色（六品深绿，七品浅绿），九品以上青色（八品深青，九品浅青）。品色制度自唐代开始形

文官常服
（《步辇图》局部，北京故宫博物院藏）

成，一直到清代才废除。相应的，他们腰间带戴的饰物也有严格要求，根据等级从玉到金、银，最后到鍮石（一种铜）。

在古代，祭祀是最神圣和重要的典礼仪式，有专门的服饰，穿专门的礼服。这时候的礼服，承袭的依然是隋朝旧制，对襟大袖衫，下着围裳，上戴笼冠，玉佩组绶也是一应俱全。与圆领袍衫相比，我们马上可以感受到出席祭典的礼服的庄重和大气。它穿戴的烦琐，佩饰的繁多，都是为了表达参加者的敬畏和庄重。这种礼服，只有在重大的祭祀、典礼场合才会穿。

2．**朝服和公服**

朝服，是朝会的时候穿的服装，比较正式。公服和朝服大体相同，但是又简洁了很多，省去很多佩饰和要求，所以公服又叫“从省服”，上朝、办公都可以穿公服。

唐朝朝服的形制，上着绿黑色宽领红纱衣，下着白裳。里面还有一层中衣，也是按照规定必须穿的素色单衣。前有绛色的蔽膝，腰间加革带，穿袜子，所穿鞋子为“乌舄”，乌是说鞋子的颜色为黑色，“舄”是指重木底鞋，鞋面用绸缎，这是古代最尊贵的鞋子，帝王和官员才可以穿。大家在表现唐代故事的戏曲中经常可以看到乌纱帽、红袍配这种厚底乌舄的官员形象。

礼宾图

（陕西乾县乾陵章怀太子墓墓道东壁壁画），左侧三人，头戴漆纱笼冠，身穿红色宽袖袍服，下着围裳，玉佩组绶一应俱全冠上有貂尾和金蝉，这是侍中侍、常侍等陪侍在皇帝身边的官员在冠上需要插戴的首服上的特殊饰物。文官要簪白笔，前面提到过。

一般品级越高，佩饰越多。按规定，二品以下去玉环，即没有玉环这一饰品；六品以下去剑、佩、绶，六品以下就没有这些佩饰；八品以下冠去白笔，也就是说八品以下没有簪白笔的资格，衣服上也没有蔽膝了。

六品以上的官员是佩剑的，但是我们在影视剧中却很少看到官员佩剑，并不是他们没有遵从历史，而是即使是当时，大家也不会上朝时总是穿朝服，而是更为简便的公服。公服省去了中单、绿黑领子、佩剑等，更为简洁，所以平时上朝办公时，官员多穿公服。规定和执行总是会有一定的落差，这也就是为什么公服在越来越多的场合代替了朝服。

3. 鱼袋

鱼袋是唐代确定的一种制度，官员佩于腰右侧，是身份的一种象征。鱼袋内装有鱼符，鱼符上刻有官员的名字、职务，甚至包括俸禄等信息，作为官员出入宫门的一种凭证。根据不同的等级，有金鱼袋和银鱼袋，金鱼袋的袋子上有金线装饰，并且鱼符材质也和银鱼袋不同。三品以上才可以享有金鱼袋，五品以上才可以有银鱼袋。

鱼袋是赐服的一种，即是皇帝赏赐的有特殊规定和意义的服饰。在有些影视剧中，经常可以看到某人升任某官职，另赐紫金鱼袋的说法。紫金鱼袋是指紫袍和金鱼袋。官员中存在着官职和品级不相称的情况，有的人职位高，但是品级不高，皇帝就可以另外赐他这个品级本来不可以享用的官服和鱼袋。这被视为皇上格外的恩典。

我们应该听说过虎符，在唐以前虎符经常作为调动军队或者出宫门的凭证，但是唐高祖李渊的祖上叫李虎，为了避讳，取消使用虎符，采用隋代就开始使用的鱼符。

唐武则天时期一度改鱼袋为龟袋，龟寓意长寿不变，在我们的文化里也是祥瑞之物。武则天改皇帝赐服，是有要变天的意味在里面，但是随着她的下台，依旧变回了鱼袋。

虽然到了后来的朝代，鱼符已经不太实用，但是鱼袋这种腰间的佩物，却留了下来，用来装一些小的杂物，即我们今天所知道的“荷包”。

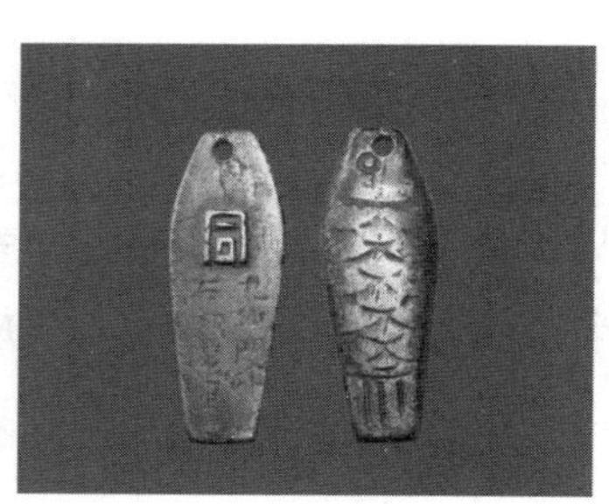

鱼符
（山东广饶县第三次全国文物普查发现）

五、唐诗和服饰

说到唐代怎么能不谈唐诗呢？唐诗，短短几行字，记录的是那个时代的故事、那个时代的心情、那个时代的画面。大唐，真的是一个很神奇的存在，文人可以直接说“从此君王不早朝”，就差没直接点名说唐玄宗昏庸了。李白可以豪放到“天子呼来不上船”，孟浩然可以当着皇帝哀怨地说“不才明主弃”，杜甫的《丽人行》不着一讽字，但也是直接敲锣打鼓地对着唐玄宗的宠妃宠臣，让大家看看这帮浪费民脂民膏的祸水。唐诗，好，是真好，不仅仅好在精妙的用字和推敲上，更好在那群写诗的人有着最舒展的灵魂，自由而无惧。所以，唐诗是一定要读的。唐诗，作为唐代生活的记录，更不乏服饰的影子。看看他们看到了怎样的服饰，看看这群拥有大唐魂的诗人的审美，从他们的眼里再次欣赏大唐的服饰，岂不快哉？

1. 诗人都爱石榴裙

火红的石榴裙，红得像剥开壳的石榴，鲜红欲滴，不着任何其他颜色和花纹，就能表现女子的俏丽和热情，后来石榴裙甚至成为女子的代名词，我们常说拜倒在石榴裙下。唐代的诗人，热情无拘，他们是文人，但不是必须要端着架子的道学家，他们不必掩饰自己对石榴裙的爱。白居易不止一次提到石榴裙，“烛泪夜粘桃叶袖，酒痕春污石榴裙”，这是描写风月场所的情景。正如我们说的，那时候风月场所的女子都非常喜欢石榴裙，而“血色罗裙翻酒污”，“血色罗裙”也是指石榴裙，可见这种裙子红得多么纯粹，简直像血一样。而通过李贺的“飞向南城去，误落石榴裙……出门不识路，羞问陌头人”，我们看到路上的羞涩少女也有石榴裙。如果说风月场所的艳丽女子穿石榴裙，是要说尽石榴裙的艳丽和妖娆，那么羞涩的少女配上石榴裙，则是另一种明艳和俏丽。杜甫的祖父是初唐有名的诗人杜审言，也有“红粉青蛾映楚云，桃花马上石榴裙”的诗句，多曼妙啊，十四个字写出一幅色彩明丽的画面，爱红妆、喜欢施胭脂的唐朝女子最适宜被称为“红粉”了，少女穿着石榴裙坐于马上，真正是俏丽和英气的结合了。

前面我们曾经说过法门寺出土的物品中有武则天的一条红裙子，事实上，武则天也写过石榴裙。在她困居感业寺的时候，有“开箱验取石榴裙”之诗，首句“看朱成碧思纷纷，憔悴支离为忆君”的思念之情，加上石榴裙这件故人送的载着欢好之意的旧物，也难怪动了李治的心，让他无论如何都要把他的武媚娘从寺庙中接出来了。这里，一个女人，真正诠释了石榴裙的意义，它是如此的美丽和诱惑，可以成为一个女人的武器，改变一个女人的命运。

2. 胸前的美丽风景

唐代女装的开放，在前面已经介绍过。正因为这种开放，女子胸前成为一道美丽的风景线，很多唐诗直接描写女子的胸部，这在其他时代是少见的。

“粉胸半掩疑暗雪”已是不用再说，更有“日高邻女笑相逢，慢束罗裙半露胸”，白日路边，女子着露胸装，并无一丝扭捏，完全是一种自然的美的绽放。而一首描写柘枝舞画面的诗歌中也直接说“罗衫半脱肩”，很多我们今天都会有所遮掩的东西，他们就直接写在诗里。说到底是唐朝意识的开放，是一种自然的自由。更有“胸前瑞雪灯斜照”、“脸似芙蓉胸似玉”这样直接刻画胸部的唐诗。男子总是迷恋女子的曲线和胸部的，但是在那个时代，人们就敢于直接承认胸部是美的，言说它，好像在言说一朵美丽的花。女子的装束是自由的，审美是自由的，诗歌也是自由的。还是最喜欢“日高邻女笑相逢，慢束罗裙半露胸”这一句，一切都在阳光下，好像一个真正的黄金时代。

3．**珠玉满头**

《长恨歌》中“花钿委地无人收，翠翘金雀玉搔头”，这句写贵妃被赐死后落在地上的饰品，“玉搔头”就是指玉簪子，这个名字背后有个小典故。据说汉武帝一次突然觉得头痒便拔下李夫人的玉簪子来搔痒。于是，就是我们曾经说过的结果。大家纷纷效仿李夫人，头戴玉簪，甚至造成玉价的上涨。“翠翘金雀”是指那些带有鸟羽毛的簪子。《琵琶行》中有“钿头银篦击节碎”，“钿头”就是指镶嵌有金花的首饰，“银篦”也是一种首饰，用来梳头发或者插在头发上固定和装饰。

4．**北方有佳人**

唐诗中很多赞美美人的诗句，多彩的颜色，耀眼的服饰，精致的妆容，让这个时代充满了美丽的女子。美丽，很多时候都是关于服饰和妆容的，即使它的最后一定是关于心灵的。所以服饰妆容文化最开放的时代，是咏赞美人最多的时代。

《赋得北方有佳人》中用“柳叶眉间发，桃花脸上生”来写美人，我们知道唐代眉妆很多，柳叶眉也是女子喜欢的一种，而面若桃花更是女子的追求，甚至有了专门打造面若桃花的“桃花妆”。诗中更用“腕摇金钏响，步转玉环鸣”这些金钏、玉环的饰品来衬托美人，行动间手腕上的玉环、金钏相撞发出清音，自有一种别样的清丽韵味。

李白这样赞美吴越地区的美人：“屐上足如霜，不着鸦头袜”，是不是肤白胜雪的灵动少女就出现了呢？南方多喜欢穿木屐，因为这种鞋子下面装有木齿，适合在泥泞处行走，比较防滑。“鸦头袜”是一种拇趾和其他四趾分开的袜子，在吴越地区比较流行。在我国古代，皮肤白皙，一直是美丽女子的一个共同特质。他们迷恋白色皮肤，女子想要拥有白色皮肤比我们今天更甚，因为白，意味着美丽和等级。试想想，在那个没有防晒霜的时代，劳动女性很少会是白的，白，往往意味着贵族少女，意味着袅娜和娇嫩。肤色白，本身就是一种身份的区分。

唐诗中的服饰、美人，是说也说不完的，我们不妨再沏上一壶茶，翻开一本唐诗，慢慢品味。

第五章，宋朝服饰

一、保守内敛的宋朝服饰

每一个朝代总是会承继前朝的很多东西，宋朝也是这样。宋朝承继了唐朝的很多服饰内容，例如男子的圆领袍衫，宽大的袖子，女子的披帛、半臂。但是，宋朝的服饰与唐代又是如此的不同。唐代是开放的，五彩斑斓的，好像浓墨重彩的油画，而宋代则是保守内敛的，好像一幅浅淡的水墨。

宋代，依然是我国经济大发展的时代，但它是一个非常不同于唐朝的时代，程朱理学是这个朝代的主流文化，讲求“存天理，灭人欲”，强调各种礼节。宋代复活了很多古代的文化，尚古，是它的一个特点。所以服饰自然更多的是浅淡的颜色，注重实用性，遮挡得比较严实。针对女子的规矩越来越多，要求越来越严格，这时候出现了缠足，一种把女子严格限制在家内的行为。也许男人们真的被唐代的女性吓坏了，为了防止女性再像唐代一样爬到男人的头上，严格礼教管束，甚至缠足都开始了，而袒胸露背，更是绝对不允许的。

1. 宋代的男子服装

狂放的李白可以让高力士为之脱靴，他可以“仰天大笑出门去”，而宋代的文人即使旷达如苏轼也不会如此，也要讲究士人的礼节，追求一种文人的雅致。我们从此时男子间流行的巾帽就可以清晰地感受到这一点，此时文人间非常流行“东坡巾”，据说因为苏东坡爱戴此巾帽，所以得名。东坡巾的特点是方方正正，有端庄持重、高雅之感，所以文人雅士都爱戴这种巾帽。

说到巾帽，不得不提到咱们在上一节谈到的幞头，在宋代也是非常流行的。但这时候的幞头已经跟“巾”没什么关系，更像帽子了。不像唐代，幞头多是用巾包

东坡巾

裹制成的，且多为软脚幞头，宋代的幞头直接用藤葛或者草编制成形，外面罩上漆纱，做成了一个可以随意脱戴的帽子，后来木骨代替了藤葛和草，成为内中衬出形状的东西，整个看起来是不是非常端正，很符合这个时代程朱理学影响下的文化特点呢？大家看我们选取的宋代有名的清官包青天戴着幞头的剧照，幞头上的两个脚让我们能辨别出这确实是一个幞头，但是与其说它是巾，还不如说它就是冠了，不过这种幞头造型更符合包青天刚正不阿的形象，如果换成唐代的软脚幞头，这种刚正之气便会消减很多了。

宋代男子依然多穿圆领大袖的长衫，只不过与唐代最大的不同是颜色多比较浅淡，例如青色。下层百姓也多穿这种圆领的长袍，干活的时候，可以把下摆撩起来塞到腰带上。

士大夫们更爱穿一种叫“直裰”的对襟长衫，“直裰”的一个特点是两边开叉。宋徽宗赵佶所作的《听琴图》中的一部分，展现了宋代士大夫的一个比较普遍的形象，戴着束发冠，里面穿着襦裙，外面罩着对襟衫。不知道大家有没有想到晋时期的竹林七贤图，两者一对比，更可以体现宋代文人的特点，总是要裹得比较严实，方显庄重。至于女子，更是要裹成粽子一样。但是这毕竟是一个经济文化更发达的时代，在遵守礼法的同时，她们也在寻求着美，一种雅致的美，例如衣襟上越来越细致的包边纹饰，接下来就让我们一起看看宋代女子的装束吧。

2. 宋代的女子服饰

(1) 广受欢迎的褙子

宋代女子也承袭了唐代穿袄、襦、衫，下穿长裙的服制。像男子一样，此时她们衣服的颜色也更加淡雅，而不会像唐代女装那般浓艳。她们还喜欢在上衣外面罩

赵佶《听琴图》
（局部，现藏于北京故宫博物院）

上一件叫“褙子”的衣服，“褙子”是对襟，两襟并不缝合，也没有扣子，好像我们现在夏天在空调房里罩在外面的开衫。两侧是开衩的，这个衩可以开到腰部，也可以开得更高，甚至到腋下。袖子呢，可以宽也可以窄，随人喜好；整件衣服的长度也是如此，可以到膝盖上，也可以及膝，可以长到小腿间，也可以及踝。

褙子在宋代非常受欢迎，上至宫廷贵妇，下至百姓农家女，包括歌姬都喜欢穿。《荷亭儿戏图》画的是贵妇形象，我们还选了一幅《穿褙子的杂剧女演员》。大家知道，在古代戏子的地位是比较低的，不知道大家还记不记得《红楼梦》中的龄官长得很像林黛玉，因为这个黛玉和宝玉生了气，“拿我当戏子取笑”。所以褙子贵妇可以穿，戏子也可以穿，如果在大唐，我们还不奇怪，那是一个可以大家都爱石榴裙的时代，但是在程朱理学占统治地位的宋代，极度宣扬“君君臣臣父父子子”，宣扬区别，褙子成为一种无论贵贱都可以穿的服饰，足见它的为人喜爱以及适应了礼教要求。妇人们在外喜欢穿，居家也喜欢穿着，褙子既能满足礼教对女性的要求，多加一层包裹，造型也更为轻便，所以深受喜爱。

南宋《荷亭儿戏图》
（局部，现藏于美国波士顿艺术博物馆）

穿褙子的杂剧女演员
（宋《杂剧人物图》，现藏于北京故宫博物院）

（2）其他服饰

宋代女性下身穿裙，裙内穿裤。贵族女性一般穿无裆裤，由于有裙子遮盖，所以裤子都更讲求实用，很少绣花，多用素色的绢或者罗缝制。而外裙子上是有各种绣花的，这些对细节美的追求，其实可以看到宋代的经济生活是比较发达的，只有经济上发达，人们才会在服饰的细节处多修饰。

提到裙子，就不能不再次提到这时候也比较流行的“石榴裙”。我们说宋代服饰颜色多喜欢浅淡色，但是石榴裙就是火红的颜色，这种艳色的红裙多为歌舞伎穿，用料也更为轻薄，多用纱罗。唐代女子很爱石榴裙，大家都穿，但是到了宋代，一般女子是不敢随意穿石榴裙的，下层女子多穿深色素裙。而歌舞伎们穿着石榴裙成为一道亮丽的风景线，不仅舞到了男人们的心里，女人们嘴上不说心里一定也是艳羡的。唐代贵妇人之首的武则天可以留一条石榴裙展示给后人，这时候肯定没有贵妇敢这么做了，她们要美丽，但不敢不庄重，她们会留在墓穴里的一定都是有着精美刺绣的华服，她们在服饰上拼的不是风情，而是精致的美丽。

开裆夹裤
（福建福州南宋黄昇墓出土）

继续回去谈宋代女子的裤子，我们说贵族女性穿无裆裤，那么下层女子一定是不同的。确实，下层女子是穿合裆裤的，这样干活的时候就可以直接外穿。这里，不管是贵妇穿无裆裤，还是下层妇女穿合裆裤，都是从实用性考虑的。

宋代贵妇们的穿着中，还可以看到晚唐留下来的大袖、长裙和披帛，当然宋代贵妇们一定是层层叠叠把自己包裹好的。同时它们在宋代的流行，仅限于贵妇圈，几乎成为一种礼服了。宋代穿着这种大袖装，是要求搭配精美贵重的首饰的，包括头饰、面饰、耳饰、颈

大袖罗衫
（福建福州南宋黄昇墓出土）

饰……所以在宋代妇女们决定穿这种大袖长裙加披帛，就意味着要仔细修饰好自己，就好像现在我们不能身穿礼服下面却随便趿着拖鞋似的。

平时女性就像我们前面提到的，多穿襦裙装，整体服装追求的是淡雅恬静。上襦的颜色比较庄重淡雅，而下裙一般会比上襦颜色更为艳丽一些，此时的裙子多为百褶裙。腰间一般配有圆形的玉饰，用来压住裙幅，这样走动的时候，裙幅依然是静止的，才更显得庄重。

最后，再给大家透漏一点宋代妇女的内衣吧。就是我们在图中看到的这种抹胸，上面绣上美丽的图案，也是非常美好动人的。

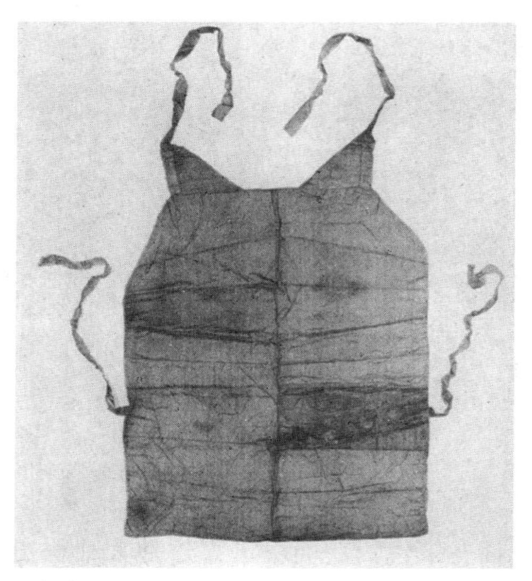

抹胸
（福建福州南宋黄昇墓出土）

（3）宋代女性的发饰和面饰

宋代女性的头发追求高髻，意味着多需要假发。同样沿袭唐代的高冠，贵妇们喜戴高冠，慢慢发展得越来越高，甚至有高三尺的，与肩膀同宽，再加上各种金银珠翠以及彩色的花，显得十分富丽，当然冠越高，发饰越多，要求贵妇们行动越要循着严格的规矩，保持它们不要乱动，才见得是大户人家的做派。据说宋徽宗迷恋的一代名妓李师师就喜好高冠，戴着这种高冠进入轿子的时候都要侧着头，才可以进入。进轿子还要侧头，多不方便啊，可是，李师师是美人啊，美人是什么？美人是这样一种生物，她们疼得要死捂着心窝，脸上撞出疤痕来都好看，所以李师师这个侧头一定也能侧出风情来，说不定，那时候很多女子即使没有那么高的高髻，进入轿子的时候也流行侧头呢。这就是美人效应，人人效仿。

宋代的面饰依然是沿袭前代的花钿，或者叫鹅黄。在额间贴上用彩纸或者银箔剪出来的美丽图案，配上寿阳公主梅花妆的传说，给人增添了很多韵味。其实，一个女子细细装扮、贴花黄的过程，就透着雅致，透着安稳。没有轻纱曼罗，没有粉胸半掩，没有火红的石榴裙，可是她们有她们的美丽。

梳朝天髻的妇女（山西太原晋祠圣母殿宋代彩塑）

二、官员与帝后服饰

这一节，我们就来看看这个社会的统治阶层的服饰吧，看看他们呈现一种怎样的气象。

1. 官员的服饰

到了宋代，官员服制规定有朝服、公服、祭服，还有时服。时服是指在每年一定的季节，皇帝赏赐文武百官的服饰。

我们知道唐代在官员服制上做出了各种安排，但是公服也渐渐取代朝服，成为上朝都可以穿的服装。宋代也是这样，宋代的常服就成了公服，所以他们上朝穿的就是我们前面提到的圆领大袖袍衫，腰间束革带，头戴硬角幞头，这个幞头的“脚”还比较长，据说是为了防止官员交头接耳设计的。很有意思吧，官员交头接耳，势必会影响到皇权的威严，这种设计便可以杜绝这种情况的发生。在今天的课堂上，实在不喜欢小朋友交头接耳的老师，不妨给小朋友戴上这种硬角幞头。此时官员还是佩鱼袋的，但是一般只有穿紫色或者绯色袍服的官员才有资格佩戴鱼袋，此时的鱼袋已经不是作为一种凭证了，而主要是作为一种等级区分而存在，成为尊贵身份的象征。

宋代的朝服，是大臣在重要场合或者有特殊规定的时候必须穿着的。穿绯色罗袍裙，里面要求搭配白色罗中单，腰间革带，佩绯色罗蔽膝，足穿白袜黑皮履。六品以上的官员佩玉剑和玉佩等饰物。

宋代公服
（宋太祖像）

宋代的朝服比较特别的一个设计在于他的“方心曲领”，是用白罗做成的圆领，下面坠一个方形的饰物，让衣领更为平整服帖，寓意是“天圆地方”。皇帝的朝服设计和百官是一样的，只是在颜色以及花纹等处加以区别。所戴冠由官职决定，如戴进贤冠或者貂蝉冠等。手持笏板，《释名》中说“笏”，是“忽也，备勿忘也”，官员在朝堂上用来记事的，根据服色等级的不同，笏的材质也不同，有象牙的，也有木头的。

戴通天冠、穿绛色纱袍、佩方心曲领的皇帝
（《历代帝后像》，南薰殿旧藏）

2. 帝后的服饰

皇帝的朝服也是在大型活动的时候才穿，绛色纱袍，腰间束的是金玉大带，绛色蔽膝，依然是“方心圆领”，配的是“乌舄”。所戴的冠称为“通天冠”或者“卷云冠”，有二十四道梁，冠外用青色，里用朱色。皇太子在大典的时候穿的也是这样的朝服，只不过冠为十八道梁。皇帝也会执笏，更显得勤勉庄重。

皇后的礼服，只有在祭祀或者接受册封等大型仪式场合时才穿，整个服饰是以深青色调为主的大袖袍衫，要展现的不是女性的美丽，而是母仪天下的端庄。腰间佩戴的蔽膝也是青色的。宋代贵妇出席重要场合的礼服也是大袖袍衫，只不过颜色和佩饰不同。穿这样的袍衫，皇后一定要佩戴她的凤冠——龙凤珠翠冠，我们知道凤是皇后、皇太后才可用的饰物。腰间挂白玉双佩的饰物，里层是青纱中单，下穿青袜青舄。

这里可以细细和大家讨论宋代帝后的服饰，主要是因为从宋代开始，宫廷中有画师专门为帝后画像，这些画像被保存下来，并且用于悬挂，以让后人敬拜。故宫南薰殿就收藏着历代帝后的画像，其中宋代帝后画像是最为完备的。

宋真宗画像
（《历代帝后像》，南薰殿旧藏）

宋仁宗皇后像
（《历代帝后像》，南薰殿旧藏）

收藏在南薰殿的宋真宗画像中，我们可以看到宋朝皇帝在朝服以外的服饰：戴硬角幞头，穿红色大袖圆领的袍服，腰间系带，脚上穿乌舄。和官员的装扮没有很大的区别，显得非常简单朴实。

而礼服以外的皇后的画像，往往比较华丽。例如宋仁宗皇后的画像，穿的是大袖交领袍服，衣襟袖口都镶有精致的刺绣边，绣着专属于帝后的龙凤图案。还有皇后那无法让人忽视的冠，如此华丽耀眼。

在看这些画像的时候，有心人甚至会发现，即使是皇后坐的椅子往往都比皇帝坐的显得华丽。皇帝要炫耀的是勤政爱民的简朴形象，而皇后作为天下最为尊贵的女子，她有权利更有责任昭显大宋王朝的华贵。

三、一年景和服妖

前面我们多说的是宋朝在服饰上面的规矩，展现的是程朱理学笼罩下保守而内敛的大宋王朝。但是，规矩之下是什么样子呢？我们要知道，很多时候，统治者制定的各种法令，如果不合于民情，也往往不会被很好地执行。大宋王朝是保守而内敛的，但是作为我国历史上又一个鼎盛的王朝，经济发达，优养士人，市民生活活跃，可不会按照程朱理学家们的指挥，只有这么一个呆板的面貌。当时社会中出现了很多突破，以至于被理学家们斥为“服妖”，而服妖论的盛行，也说明宋朝的治已经远离，进入了一个乱的时代。

1. 一年景

何谓“一年景”呢？古人与自然是无比接近的，他们依靠自然生活，他们喜欢的纹样也多取材于自然界中的花、草、虫、鱼等。自然界中，四季有序，春夏秋冬，春天永远碰不到秋天，冬天也永远与夏天无缘。而宋人偏偏想让四季见个面，由此就出现了“一年景”，就是把四季的事物放在一起。宋朝多是把四季的花卉放在一起，让桃花、杏花、荷花、菊花和梅花凑在一个景中，构成“一年景”。

著名的宋代诗人陆游在他的《老学庵笔记》中有一部分记录宋代社会风俗，就专门记载下了“一年景”。他说：“靖康初京师织帛及妇女首饰衣服，皆备四时。如节物则春幡、灯球、竞渡、艾虎、云月之类，花则桃、杏、荷花、菊花、梅花，皆并为一景，谓之一年景。”根据他的记录，京师中妇女的丝织品以及衣物上流行“一年景”，连首饰上也会雕刻“一年景”。前面宋仁宗皇后的坐像画中，除了皇后所戴的耀眼凤冠，两边的仕女的冠饰也非常吸引人的眼球，你仔细看，就会发现，她们头顶的冠饰正是“一年景”。一年景除了可以作为图案出现在丝帛衣物和首饰上，还出现在插花上。此时非常流行的就是以花卉来插发或者插冠，图中仕女冠上的插花种类繁多，四时皆备，正是“一年景”。

南宋武进墓出土的朱漆戗金奁盖面上的图案很好地诠释了“一年景”，人物上方的花卉，正是冬天的梅花靠着春天的牡丹，春天的牡丹又依偎着夏天的荷花，而夏天的荷花又连着秋天的芙蓉，秋芙蓉也没忘了拉上冬春之交的茶花，所有的花都摇曳开放，好像下方的人们

朱漆戗金奁的盖面
（南宋武进墓出土）

就置身于这样一个四季花开同一时的世界，充满了想象力，充满了趣味，让人心向往之。

说到簪花，它是宋代妇女非常喜欢的活动，经常会有满城妇女都簪花的盛景，花香四溢，美不胜收。到了冬天，妇女们也有办法，她们早在春夏的时候就把花夹在书本里做成干花，称为“花腊”，到了冬天取出来使用。但是我们也知道，脱水的花儿很容易毁坏，于是她们就用绢帛制作假花，时称“像生花”，富贵人家甚至会用上等的丝绸、玳瑁或者金银来制作“像生花”。这种把一年四季的花都簪在冠上的“一年景”花冠在当时非常受欢迎。

宋人爱簪花到什么地步呢？宋朝皇帝会举行专门的簪花宴，并亲自赏赐花朵给大臣或者学子。据说宋代名臣寇准和司马光都被皇上赏赐过簪花呢。再八卦一下，耿直的司马光非常不喜欢男子簪花的行为，可是也不得不戴。而赏赐给寇准的，据说是夏天硕大的荷花呢，真想看看头簪荷花的寇准啊。

2. 服妖

陆游的那段记录，在介绍完“一年景”后，他接着写道：“而靖康纪元果止一年，盖服妖也。”在陆游这里，京师盛行的“一年景”罪过可不小，就是因为靖康年间京师妇女流行“一年景”，所以导致靖康纪年只有一年光景，然后宋徽宗和宋钦宗就被金人俘虏了。

服妖，就是服饰出现不合常规的怪异之处，例如“一年景”，本不可能出现在一起的花儿，同时出现，就是不正常的。今天，咱们的认识就停止在这儿了，对于奇怪的服饰，最多定义为“奇装异服”。但是古人的思想可不是这样，他们推崇“天人感应”，认为万物有灵，所以一旦服饰出现不合常规的地方，他们会认为这是一种有异变的征兆，接着就会发生不祥的事情，所以称不合规矩的、怪异的服饰为“服妖”。

关于服妖，再举一个例子，南宋光宗皇帝绍熙元年（1190），妇女喜爱用琉璃作为首饰，同时这些年不断发生各种百姓的流离和迁徙事件。今天的我们自然不会把它们联系在一起，但是在当时人看来，因为“琉璃”即“流离”也，所以妇女当时戴“琉璃”的现象，就是服妖。

当然也有一些服妖的定义是指出现危害自然的事情。例如京师流行用鸟羽做装饰，纷纷捕捉鸟儿，当时人们就认为这是服妖。如果宋朝这些服妖论者看到唐中宗年间安乐公主百鸟裙的后果，一定会告诉我们那就是服妖，还是大服妖。

更多的时候，服妖也用来指僭越的服饰行为，例如本只是宫廷贵族可以使用的图案材质，民间的贱民或者商人也纷纷使用，这种僭越，就是服妖。宋朝服妖之说之所以那么盛行，也是可以理解的，因为南宋时期，政局动荡，南宋王朝偏安一隅，苟延残喘，这时候服饰上的定制自然会一再被破坏，没有人遵行，服妖论者会认为这些都是此时败落局面的征兆。

其实，服妖之说早就出现了。对于我们长期受儒家思想影响的文化来说，一切的规矩秩序烦琐且重要，对规矩的任何破坏都可以被认为是妖异之兆。晋干宝的《搜神记》里就记录了这样一个服妖事件："初作屐者，妇人圆头，男子方头，盖作意欲别男女也。至太康中，妇人皆方头屐，与男无异，此贾后专妒之征也。"他说木屐产生之初是有男女之别的，后来，妇女都开始穿只有男子才能穿的方头木屐，这就是一种妖异的征兆，后来果然就出现了晋惠帝司马衷的皇后贾南风独断专权的事件。

服妖论，是当时人们"天人感应"认识下的反应，更是他们面对国家的无能和动荡所寻求的解释，他们希望恢复秩序，所以在南宋时有了如此强大的服妖论。

另一方面，"一年景"成为宋朝的一个特色，为大家追捧。四季花开同时的美好世界让人向往，"一年景"是一种别样的美丽和创意。

四、宋代丝织品博物馆：黄昇墓

南宋时期黄昇墓的发现，对于我们研究宋代丝织品具有重要意义，内有丝织物 354 件，被称为“宋代丝织品博物馆”。墓主人黄昇是南宋时期贵妇，这个墓是其夫与她和她死后其夫所娶的续弦李氏的合葬墓，她与其夫都是史料上有记载的人物，李氏却在史料上没有任何记录。黄昇父亲是南宋年间福州状元，黄昇十六岁那年就嫁给了赵匡胤第十一世孙赵与骏，但是红颜薄命，十七岁就难产去世了。赵与骏的祖父为她选择了墓穴位置，并亲自写下墓志铭——“为尔之宫，万古犹今”。身份显赫的黄昇虽然妙龄便去世，但是她依然是赵与骏家名正言顺的女主人，死后亦是如此。

黄昇墓出土的丝织物面料丰富，绫、罗、绸、缎、纱、绢、绮等都有，体现了宋朝高超的纺织工艺，陪葬衣物种类更是繁多，不仅有袍、衫、衣、裤，还有背心、抹胸，连香囊、荷包，乃至于裹脚布、卫生带都有，简直成了我们认识南宋服饰和丝织品的宝库。

1. **深烟色牡丹花罗背心**

这件背心现在是福建省博物馆的镇馆之宝之一，它的存在证明了宋代纺织技术的发达，应了陆游对宋纺织品的评价：“举之若无，裁以为衣，真若烟雾。”它的轻薄仅次于马王堆汉墓出土的那件素纱禅衣。这件背心长70厘米，宽44厘米，下摆宽39厘米，重量只有16.7克。整件衣服轻盈剔透，自出土之日起，就吸引了众多的目光。

它的质地为“罗”，《辞海》（第六版）介绍说：“罗，用合股丝以罗组织织成的一类丝织物。外观似平纹绸，具有经纬纱绞合而成的有规则的横向或纵向排孔，花纹美观雅致，且透气性好。质地较薄，手感滑

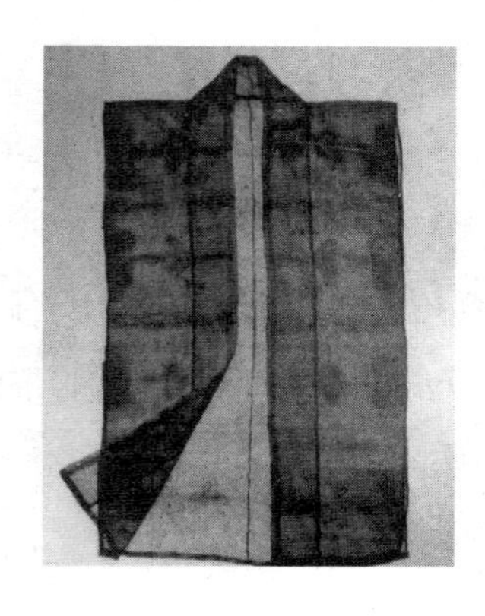

深烟色牡丹花罗背心
（现藏于福建省博物馆）

爽。”原料大多采用桑蚕丝，也有少数采用锦纶丝或涤纶丝。罗这种丝织品轻薄柔软，又透气，很适合制作夏天的衣物。

它是对襟，没有扣子或者系带，两边有开叉。衣襟和衣领都镶有纱，且有牡丹花纹。在如此轻薄的罗上装点纹饰精致的牡丹花，使衣服轻薄飘逸中更见华贵。

2. **紫灰色绉纱镶花边窄袖袍**

这件窄袖袍，以纱为料，也非常轻薄，最为难得的是，历时千年，它的损毁很小，我们今天可以清楚地看到衣物上清晰的纹路和精美的花纹。花饰不仅有彩绘的百菊，还有印金的芙蓉花和菊花。印金的使用，使得这件衣物更为光彩夺目。

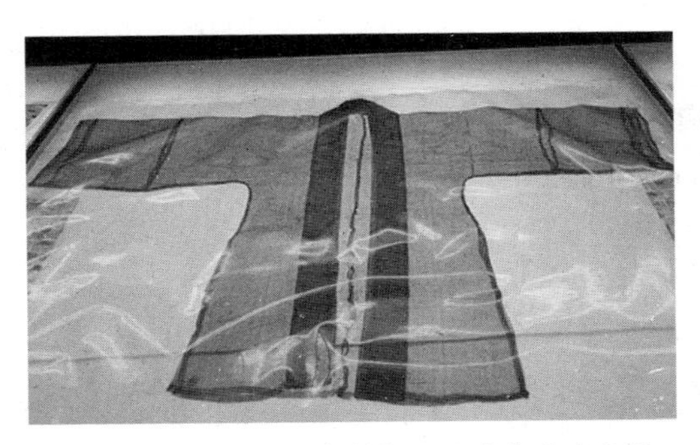

紫灰色绉纱镶花边窄袖袍
（现藏于福建省博物馆）

金，是一种价值很高的贵金属。把金应用在衣物上，会使得整件衣物更为华贵。印金技术在宋朝已经非常成熟了，黄昇墓出土的纺织品衣物很多都有印金这种装饰手法。这件窄袖袍的印金花卉的叶子之间还加有其他的色彩，让整个图案更为光彩夺目。读者有机会不妨亲自去博物馆看看这件实物，不亲眼看到这些精美的花纹，就无法深刻地体会让人叹为观止的技艺，更无法深刻体会那个等级社会里贵族的华贵和精致。而我们勤劳勇敢的匠人，在创造美丽方面，更是技术娴熟，创意不断。高超的匠人经常是世代以此为生，整个一生都在琢磨如何创造新的工艺，如何设计更为精巧的图案，如何巧夺天工。

3. 褐色罗印花褶裥裙

褶裥裙是褶裙的一种，很像我们今天的百褶裙。这件裙子长 78 厘米，腰高 10. 7 厘米，腰宽 69 厘米，下摆很宽，达 158 厘米，边缘宽 1 厘米。

看裙子的长度我们就知道这可以算是中裙，裙子腰间还有带子，下摆很宽，裙子下部使用了印金的装饰手法，有印金的小团花。宋代衣物装饰图案多用花卉，描绘细致生动，富有层次，与唐代动植物图案以及各种几何图案相比，宋代花卉图案更加逼真生动，富有生活气息。裙褶有疏有密，整件裙子依然是罗制，非常轻薄。

五代时期就已经盛行百褶裙，只是裙子更长，裙摆也更大，到了宋代，歌舞伎非常喜欢百褶裙，跳起舞来，裙褶飞动，非常漂亮。黄昇墓中这件百褶裙无论是材质还是样式在当时都是上品，宫廷贵妇拥有的百褶裙在这些方面都十分考究。

我们可以看到，出土的衣物多是素色，红色在宋代依然很受欢迎，例如石榴裙，但是只有歌舞伎才着石榴裙。贵妇们的正式礼服可以着红色，艳丽又不失庄重，平时衣物多为素色，鹅黄色也是她们比较喜欢的颜色，而穿青绿色裙子的一般都是老年女性。

褐色罗印花褶裥裙
（现藏于福建省博物馆）

说到宋代的裙子，我们不妨再提一种那时的比较特殊的裙子——“旋裙”，这种裙子前后中间开叉，比较便于两腿的活动。宋代妇女喜欢骑驴出行，穿这种裙子比较合适。“旋裙”开始也是在妓女间流行，后来宫廷贵妇才开始接受这种便于两腿活动的裙子。

宋代纺织技术发达，妇女做裙子最喜欢用的就是罗这种轻软珍贵的丝织品，当时妇女的裙子多为罗裁制，称为罗裙。上层妇女会在罗裙上加入刺绣、印金等装饰，而下层妇女即使穿罗裙，也多是素罗裙。

4. 霞帔

我们常常说凤冠霞帔，这曾经是民间嫁女的穿戴习俗。黄昇墓出土了霞帔的实物，是两条绣满精美花纹的带子，所谓“霞”就是指其精美华丽的图案，犹如彩霞。一端缝合，呈现V形。明刊《中东宫冠服》中记载了霞帔的佩戴方法，大家一看便知道我们所言的霞帔为何物。《宋史·舆服志》曰:“常服，后妃，大袖、生色领，长裙，霞帔、玉坠子。”通过这个记载，我们知道霞帔到了宋代成为妃嫔以及朝廷命妇们正式衣物的一部分，霞帔上的纹饰有严格的规定，用来区分她们的等级。佩戴时，披挂于肩上，颈后缝合，前面在V形下端坠有一金玉饰品。

霞帔是等级身份的象征，宋代宫廷一度出现“红霞帔”、“紫霞帔”代表低级宫人。皇帝宠幸宫女后，就可以赐给她们霞帔，因为霞帔本就是没有等级就不可以佩戴的东西，赐予她们霞帔，说明她们将来有可能获得继续赐封，位列妃嫔。

宫廷贵妇的凤冠霞帔如何成为民间嫁女的穿戴，这背后还有一个有趣的小故事。话说北宋末年靖康之变，金兵活捉了宋徽宗和宋钦宗。宋徽宗的儿子康王赵构闻讯后南逃，跑到江浙的时候，正好遇到金兵，这时候一个美丽机智的姑娘把他藏了起来，并骗过金兵，成了康王的救命恩人。康王就留下一方红色的手帕，向姑娘保证以后会来迎娶。后来赵构在南方建国，成了高宗皇帝后，果然派人回来迎娶姑娘，但是这个姑娘却不愿意嫁，外面自由自在的，为什么要被关在一个大院子里呢？果然是一个聪明的姑娘啊。于是她就让村里的姑娘都持红手帕，结果赵构就没找出她来。但赵构为了报恩，就说浙江女子尽封王。真封王也不可能，所以就让她们出嫁时都可以戴霞帔，等同于封赏了。

这个故事与其说告诉我们为什么民间嫁女可以戴霞帔，不如说告诉我们对于男人来说，救命之恩比一时的沉迷来得重要，有智慧和本事比光好看重要，所以这位江浙女子没沦为夏雨荷。当然这是玩笑话。我们可以看到宫廷的事物，是如何通过帝王的开恩进入民间的。

最后还是想感叹一下，黄昇墓出土的丝织品是令人叹为观止的，但是墓主人背后的故事，也值得玩味。李氏也许陪伴了赵与骏一生，但是终究不过是个不为人知的李氏。而黄昇虽然只嫁给赵与骏一年，十七岁就去世，但是这个十七岁的少妇却是后世唯一记载下来的赵与骏家的当家主母。在古代，家世背景和等级身份，都是不可跨越的。身份，在那个时代具有决定一切的意义。而了解这些服饰，我们可以轻易地看出每一个人的身份，古人的身份是可以通过服饰彰显的。

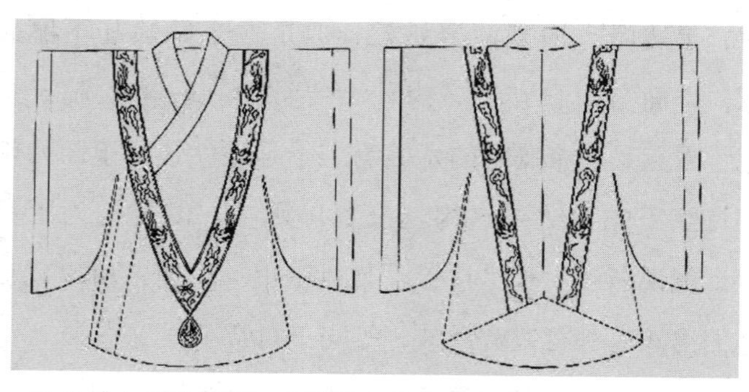

明刊《中东宫冠服》中霞帔与帔坠的佩戴方法

五、人比黄花瘦：宋词和宋代的美人

唐诗宋词，是我国文学史上的瑰宝。宋词，体现了宋代人更为细致的情怀，而服饰描写在宋词中所占的分量也很大，词牌名中很多就是以服饰来直接命名的，例如“红罗袄”、“绿罗裙”，都是比较经典的词牌。如果说唐诗可以大开大合，如大江大水，那么宋词更多的是涓涓细流，是更为细致入微的描述，所以宋词中女子和服饰都占据了很大的篇幅。

我们都知道唐代的美人，体态丰腴，追求自然之美，洋溢着一种华贵和热情，生气勃勃地展现着曲线，喜欢明艳的“桃花妆”、火红的“石榴裙”。而宋代的美人，则是完全不同的，宋代推崇的美人更像是一幅清淡的山水画，是纤瘦的、淡雅的，甚至是哀怨的、病态的，是“帘卷西风，人比黄花瘦”。宋代女子中最流行的服饰褙子，就体现了这种清淡纤瘦的特点，褙子是直上直下的，取消了身体的线条。你可以想象一下，什么样的女子穿褙子最美？一定是纤瘦的女子，盈盈而立。丰腴的或者线条明显的女子穿上褙子只会显得臃肿，完全无法表现出美感。一个时代流行的服饰，就体现出这个时代对美丽女子形象的选择。

现在我们就来看看宋词，以及宋词中的那些“人比黄花瘦”的女子。

1. 宋词中的服饰色彩：淡雅

我们先来看看宋词中展现的女子服饰是怎样的一个色彩世界。欧阳修《浣溪沙》说：“天碧罗衣拂地垂，美人初著更相宜。”“天碧”说的就是罗衣的颜色，青碧如天空之色，是宋人非常喜欢的颜色，犹如天空的青碧色，显得清新淡雅而悠远。宋代纺织业在染色时，很流行的一个颜色就是“天水碧”，就是这里的天碧色。但天水碧这种美丽颜色的出现，却是基于一个错误。据说南唐后主李煜的一个宫人，一天晚上染了绿色的丝帛，但是晚上却忘记收起来，夜间的露水打湿了丝帛，让绿色消融开来，反而显得青翠欲滴，十分惹人喜欢，自此，人们纷纷效仿，染出“天水碧”。

秦观《南歌子》中这样说:“香墨弯弯画，燕脂淡淡匀。揉蓝衫子杏黄裙。独倚玉阑无语、点檀唇。”秦观刻画了一个精心妆饰的美人，反映了宋代的审美观：淡淡的美。眉弯弯的，胭脂（即“燕脂”）也是淡淡的，嘴唇是浅红色。而服饰色彩呢，是揉蓝衫配杏黄裙。因为青色是从蓝草中提取的，所以称为“揉蓝”。青色和杏黄，这样淡雅的颜色，是宋词中经常吟咏的，是词人梦中女子的颜色，黄庭坚就说：“泪珠轻溜，裛损揉蓝袖。”我们不仅可以看到词人眼中美人所配的颜色，也可以感受到，词人眼中的美人总是忧忧郁郁的。带着点伤怀和哀怨，才可以称得上美人。这和唐代诗人眼中“日高邻女笑相逢，慢束罗裙半露胸”的美人太不同了。

而司马光词中的美人也是这样一副典型的宋代美人的形象，“宝髻松松挽就，铅华淡淡妆成。青烟翠雾罩轻盈”，发髻是松松的，好似没有精心装扮，妆也是淡淡的，体态是轻盈的，外罩着青烟翠雾般的罗衣。

颜色中也有鲜艳的红色，但是多与歌舞女子相关。例如晏几道的“云随碧玉歌声转，雪绕红琼舞袖回”，再如苏轼的“云鬟裁新绿，霞衣曳晓红。待歌凝立翠筵中”。

2. 宋词中的簪花和插梳

前面我们也说过，宋代非常流行簪花，有真花的时候簪鲜花。鲜花又叫“生花”，所以假花也叫“像生花”。没有鲜花的时候，也可以簪“花腊”或者“像生花”，甚至出现了“一年景”花冠。

连皇上都会开簪花宴，连男子都可能簪花。秦观就描绘簪花情景说:“聊摘取茱萸，殷勤插鬓，香雾满衫袖。”簪花不仅美丽，且香气宜人，连衣袖上都染上了醉人的花香。苏轼有插菊花的“年少，菊花须插满头归”，也有簪腊梅的“素手偏宜折取，向乌云斜插”，随意地摘下腊梅花，斜斜地插入发髻，透着宋人欣赏的风流婉转。艳丽的桃花也是簪花的很好选择，“柳色春罗裁袖小，双戴桃花”。

插梳是此时另一种流行的时尚。“斜插犀梳云半吐”，可见梳子的材质不仅限于木梳；欧阳修也写下了插梳的样子：“凤髻金泥带，龙纹玉掌梳。”可见所簪梳子饰有精美的花纹。其实，只是插上一把素色的木梳，也非常素雅动人。插梳，本身就是一种非常雅致的女性化行为。

3. 宋词中元宵节女子特殊的头饰

元宵节对于女子来说是一个非常重要的节日，那天她们会精心打扮，夜晚出门赏灯猜谜，享受节日的欢乐。李清照在《永遇乐》中就细细回忆了元宵节的热闹和美好，“中州盛日，闺门多暇，记得偏重三五。铺翠冠儿，捻金雪柳，簇带争济楚”，闺阁中的女子在热闹的元宵节，把自己打扮一新，欢快出游。怎样打扮的呢？“铺翠冠儿”是当时富贵人家女子流行的一种帽子，帽子上插着翠鸟的羽毛。“捻金雪柳”，“雪柳”是古代一种插于发上的装饰，一种说法是用纸或者绢做的假花，还要在上面用金线做装饰；还有一种说法是剪成的柳叶形状的饰物，装饰上金线，插于发间，或者直接用金线捻成细细的柳叶形状。从这里，我们可以看到当时富贵人家少女的打扮。李清照写的是对自己年轻时候的回忆，这里是热闹的，但是整首词却是伤感的，因为此时的李清照已经两鬓斑白，遭遇了家破人亡，流离失所，因为疏于打扮，而懒得出门。

辛弃疾描写元宵节，也说“蛾儿雪柳黄金缕，笑语盈盈暗香去”，“蛾儿”和“雪柳”一样，都是发间的装饰，是用绢或者纸剪成蛾子的形状，带着两条长长的须，可以涂上其他颜色。“黄金缕”也是头上装饰用的金丝带，这种饰品还成为了一个词牌名——“黄金缕”。《大宋宣和遗事》记载：汴京人在正月十四预赏元宵节，“尽头上戴着玉梅、雪柳、闹蛾儿，直到鳌山下看灯”。可见这些都是当时元宵节女子们的头饰。借着这些美妙的词，借着这些充满节日氛围的头饰，我们可以走入宋代的元宵节，看看那些笑语盈盈的女子。

4. 宋代女子“瘦”的意象

唐代女子以丰腴为美，宋代女子却以纤瘦为俏。词人可以直接描写盈盈纤瘦的女子，以突出此时服饰的特点——窄。例如“墨绿衫儿窄窄裁”，再比如“峭窄春衫小”、“窄罗衫子薄罗裙”，都是言说女子衣衫“窄”，以此来表现女子的纤瘦。

但是此时词中更多这样一种意象，因为愁思所以日渐消瘦，词人对此非常钟爱。

例如，那句有名的“衣带渐宽终不悔，为伊消得人憔悴”，本来就消瘦的女子，在哀怨或者思念中更加消瘦，这种近乎病态的美丽是最能打动词人心肠的。柳永在《锦堂春》中写道:“坠髻慵梳，愁蛾懒画，心绪是事阑珊。觉新来憔悴，金缕衣宽。”这就是典型的宋代美人的意象，慵懒阑珊的富贵人家小姐。扬无咎的词中也有“因甚自觉腰肢瘦，新来又宽裙幅”。

从这些意象中，我们可以感受宋代的美人模样：“帘卷西风，人比黄花瘦。”

第六章，辽金元服饰

一、独特之风——元代服饰

元代，是蒙古族统治的时代，这一点一定会体现在当时的服饰上，呈现独特之风格。在这之前，我们提到过赵武灵王胡服骑射改革以图自强的故事，我们也提到过在大唐女性中曾经有穿胡服的风气。北方少数民族的服饰，只是在这些时候悄无声息地进入到中原文化的圈子中，而元代，蒙古族的服饰是堂而皇之地成为一个时代服饰的主流了。这意味着强烈的变化，也意味着文化的再次大融合。

我们不妨思考一些汉族服饰与北方少数民族服饰的区别。汉族服饰多比较宽大，讲求等级地位，追求庄严之感；与此不同，北方少数民族为游牧民族，是马背上的民族，他们的服装比较窄紧，讲求的是实用，所以当赵武灵王力图自强、发展骑射力量的时候，首先做的就是推广胡服。汉族服饰样式也特别多，有深衣、衫、襦、袍等，而北方少数民族衣服样式比较少，主要就是袍，下着裤和靴。那么，当北方少数民族的代表蒙古族入主中原的时候，服饰上到底呈现一种什么样的面貌呢？我们不妨走进元代去看个究竟。

蒙古族袍服

1. 蒙古族的服饰

早在先秦时期，活跃在北方的蒙古族的服饰就是窄袖及膝长袍，头戴貂皮帽，腰间束革带，足蹬靴子。既注重保暖，以应对北方苦寒的天气，又非常利落，适应马背上的生活。他们的腰带上常常附加一些小环，这样可以挂一些日常用品，如刀子、火镰、鼻烟壶等，而征战的时候也可以挂箭筒等物件。这样的配备，让他们可以在草原上自由驰骋，随时都可以停下来用弓箭射杀猎物，用腰间的火石生火，再用腰刀裂肉烧食。对比汉族的深衣，我们更可以感受到草原上的民族那股迎面而来的彪悍之风，也难怪蒙古人一度曾把国家的版图扩展到了欧洲。

年轻女孩子的服饰和男人几乎没有区别，也是长袍、束腰、皮靴，可见男女之别对他们来说远没有中原地区那么严格。已婚妇女在服饰上就有了变化，多穿非常宽松的长袍，与青年男女做出区分。

据《元史》记载，元世祖忽必烈的察必皇后还为世祖特别制作了一种叫“比甲”的衣服。比甲类似于我们现在的马甲，无领无袖，两侧开叉，只是长度比马甲长，有的及膝，有的甚至更长。但是因为两侧开叉，这种长度不仅保暖，而且也不会影响骑射，从中可以看到察必皇后对世祖的心意。《元史》说，这种衣服“以便骑射，后皆仿之”。大家都争相模仿，可见它的实用性，也可见察必皇后对世祖的心意令人艳羡。提到察必皇后，不能不说她另一项在毡笠上的设计。蒙古族夏天戴毡笠，开始都是没有帽檐的。有一次忽必烈打猎回来，跟察必皇后抱怨说，阳光刺得眼睛都睁不开。于是，聪敏的察必皇后就动手为毡笠加上了前檐，果然解决了忽必烈提到的问题，忽必烈特别开心，就下令以后毡笠都要这样做。所以，我们简直可以说察必皇后就是一个设计师啊。察必皇后在历史上是非常有名的，史书上的评价是“其性明敏，达于事机，国家初政，左右匡正，后有力焉”。

2. 蒙制服饰

蒙古族入主中原，促进了民族融合，在服饰上表现为两族服饰互相学习，吸收对方的元素到自己的服饰文化中，但是我们也必须看到，元朝在服饰上鲜明地分为蒙制服饰和汉制服饰，意味着当时民族之间也是壁垒森严的。本来汉族文化很讲究等级，所以服装以及饰品中都可以看到对等级的强调，即使开放如唐代，我们当时也提醒大家不要忘了那依然是一个有封建等级的朝代；

而北方游牧民族对等级强调则比较少，所以他们的服饰种类更少，青年男女服饰几乎相同。但是蒙古族入主中原后建立的元朝却是一个把人严格分等级的朝代。我们都知道元代把人分为四等：蒙古人、色目人（西域人）、汉人（北方金朝原来统治下的各族人）以及南人（倒台的南宋统治下的居民）。由此，我们也就不难理解，在一个朝代，出现两套服制：蒙制服饰与汉制服饰。服饰上的区分，可以让我们感受到当时汉蒙之间的关系。

蒙古人入主中原后依然热衷于穿长袍，但是已不是像先秦时期为了应对苦寒天气而穿的长袍了，这时候的蒙古贵族的长袍多是用华丽的织金布料和贵重的毛皮制成，所谓织金布料，就是用金线织出的布。其实，早在先秦的时候，就出现了在织物中加金的风气，随着经济的发展，这种风气在贵族中愈演愈烈，到了元代，贵族服装开始大量用金。从服饰上的这一特点，我们也可以看到史学上的一个结论，元代统治者是一批不知道爱惜民力的统治者。毕竟相对于中原来说，他们是异族入侵，曾经被中原统治者奉为美德的爱惜民力的思想，在他们那里体现甚少，他们更多的是以一种征服者的姿态面对被统治的汉人，而非唐太宗时君民的舟水关系。

比较有特色的蒙制服饰之一是元代皇后贵妃所着的

身着大红织金缠身云龙纹腰线袍，外罩银鼠质孙的元世祖
（《元世祖出猎图》局部，现藏台北“故宫博物院”）

服饰。头戴“罟罟冠”（姑姑冠），着袍服，不过不同于汉人的交领右衽，她们一般是左衽，长度及膝，下面穿长裙，脚蹬软靴。前面我们解释过，右衽，就是左边的衣襟向右边掩，盖住右边的衣襟，这是汉族服饰长久保留的一个特点，后来成为汉族的象征符号。正如现在提到的，很多少数民族会采取左衽的做法，而在汉族，有些激进的人也会采用左衽的形式表达一种抗议，警醒统治者不励精图治有被异族统治的危险。不过，此时的蒙古族很多服装受汉族影响，也会采取右衽，而且女性长袍比较多的都是右衽。

罟罟冠，上宽下窄，好像一个倒扣着的花瓶，长度半米，甚至可以长达一米。从外形上我们就可以得知，这种冠的象征意义远远大于实用意义，所以一定是属于贵族的冠。

蒙古贵族妇女还流行一种特殊的服饰，叫作“团衫”，袍特别宽大，并且很长，长度拖地，袖身也特别肥大，但是袖口紧缩，很像我们说的蝙蝠袖。由于太长，走路时需要两个女仆扶拽。但是越是烦琐不便的衣服，越可以体现贵族的身份。讲究，就是贵族的一个重要特性，这一点在服饰上总是体现得淋漓尽致。

蒙制服饰中男子比较有特点的服饰是质孙服。与周代的深衣很像，但是衣袖比较紧窄，并且下裳也比较短，一般就是到膝下，下裳很像百褶裙，腰间有细褶皱。质孙服可不仅仅指袍，还包括冠和靴子，也就是说质孙服是一套，且在颜色上有严格的搭配，是不可以随便穿的。质孙服之间有着等级差别，同样是质孙服，但是材质、花纹以及所配套的冠都是不同的，以用作区分等级。

比较有蒙古特色的是瓦楞帽，像六棱角的倒扣花盆，也有一些变得更为浑圆。此时蒙古官员也戴我们前面提到的“幞头”，也就是乌纱帽。蒙古男女都爱戴暖帽，就是一种皮帽，贵族可以用上好的皮来制作，如貂皮，贫寒者可以用牛、马、狗的皮来做，这种帽子比较保暖。

戴瓦楞帽、穿辫线袄的男子
（河南焦作金墓出土的陶俑）

3. 元朝汉制服饰

处于下层的汉族女性，多沿袭宋代，上穿交领右衽的大袖衫或者窄袖衫，下穿百褶裙，内穿长裤，外面也常常穿长褙子。男子也是沿袭宋代，多穿袍衫，和原来相比，变化不大。当然，服装也受到了蒙古族的影响，出现了交领左衽的服饰。可以想象，宋朝遗留下来的士大夫看到穿着左衽袍衫的妇女和男子在家乡的集市走过，一定会充满亡国的伤痛。服饰本来就不仅仅只是服饰，它还往往代表着一种文化，也反映着家国所处的状态。此时汉族服饰的一个整体的特点就是颜色比较暗淡，这也是可以理解的。在描述元代四等人的服饰的时候，元代书中记载说，蒙古色目人衣服华贵，色彩鲜艳，汉人南人则多衣衫褴褛。虽然这种描述难免有亡国者的愤懑和痛惜带来的偏激，但是也足以让我们想象到当时的社会图景了。

元代是中国古代历史上一个特殊的朝代，是首个征服全中国的外来王朝，这种特殊性在服饰上也充分体现出来。所以我们说，看服饰，看到的从来都不仅仅只是服饰。

二、独特的发饰和妆容

1. 婆焦

婆焦是蒙古族无论贵贱、无论男女都可以留的一种发饰。这是汉族人的叫法，蒙语里面叫作“呼和勒”。很像汉族小孩子会留的“三搭头”，就是把头顶和脑后的头发都剃掉，只留两边和前额这三部分头发。蒙古族会把前额头发修剪成各种形状，例如最常见的桃形，散发垂下。两边的头发则编成发辫，然后挽成发环，垂在两肩上方。据说蒙古族的这种发型，是模仿他们的图腾海东青的样子。

剃“三搭头”、戴瓦楞帽是元代蒙古族男子的常见装束。蒙古族皇帝的画像也多是这种形象，多戴瓦楞帽，在帽顶镶嵌有大颗珍珠。

2. 髡发

北方游牧民族在发饰和服饰上有很多共同之处，例如这里提到的髡发。蒙古族也有人选择髡发，就是把头

剃“三搭头”，戴瓦楞帽的男子
（《元成祖画像》）

顶头发都剃光，只留两边，编成发辫或者发髻垂下来，耳朵通常带有一只大耳环。

髡发是契丹族的传统发饰。契丹建立的辽国，与宋代并存，初中历史课本上有宋代向契丹送岁币的多次记载，想必大家都印象深刻。而金庸先生的《天龙八部》里盖世大英雄乔峰也是契丹人，由此展开了这个英雄人物的悲剧人生，或者说悲壮人生。契丹的髡发，两边头发一般都是散发，垂下来，不会编发或者挽髻。髡发也有各种式样，例如剪去头顶的头发，但是四周头发都保留，然后修剪成短发，或者只留前额两侧的两绺头发，

髡发、穿圆领袍、佩豹皮箭囊的骑士
（辽金《卓歇图》局部）

自然垂下，其余一律剪去。而且在契丹，不仅仅男人髡发，年轻的未婚女子也可以髡发，但是样式与男子不同，例如她们可能在头顶挽髻，剪去周围的头发，只在两侧留两绺头发垂下，并保留刘海。

北方少数民族的髡发传统是汉族完全不能接受的。我们大家都知道，中原地区的观念是“身体发肤，受之父母，不敢毁伤”。髡，就是剃发的意思。汉族里“髡”是一种刑罚，“髡刑”是上古五刑之一。到了秦代还有髡发，然后把人发落去看守仓库的惩罚方式，这是一种莫大的耻辱。到了清代，满族要求大家剃发，依然有很多人“留发不留头”，可见头发对汉族人来说，甚至比生命还珍贵。说到头发和生命的故事，大家一定都听过曹操的故事，行军途中他严令部队不得毁坏百姓庄稼，否则斩杀，谁知偏偏他的马受惊，踏坏了地里的庄稼，当然不能把曹操砍了，于是就想到这样一个代替的方法，曹操割下一绺头发代替自己赎罪。由这个故事我们就可以看出头发对于中原汉族人的重要意义。

但是对于北方游牧民族来说，髡发使得他们的头发容易打理，适合居无定所的游牧生活。大家可以想象一下，马背上的生活流汗多而且洗头也很不方便，所以剃发是他们的必然选择。

3. 元代妇女的发式和妆容

元代蒙古族年轻妇女喜欢编发辫垂下，也会挽髻，年轻女孩子爱绾双髻。元代汉族女子基本还是沿袭前人挽髻的传统。元代女性最有特点的是罟罟冠，我们前面已经提到过。

女子的妆容，总是离不开胭脂的。这时候的胭脂有“绵胭脂”和“蜡胭脂”，前者是把花中挤出来的红色汁液浸入丝帛的薄片中，后者是把胭脂凝固成蜡状，装在胭脂盒中慢慢取用。

这时候依然非常流行贴花钿，剪出各种形状的花钿贴于额间。此时花钿流行绿色，多贴绿花钿，犹如翡翠，称为翠钿，“汗溶粉面翠花钿”，“宝鉴愁临，翠钿羞贴”，可见翠钿的流行。花钿自唐代就开始流行，那时候多是贴在额间。但是女子为了追求美丽，总是会不断尝试和创新的。这时候花钿不仅仅可以贴于额间，还可以贴在两鬓，“腕松着金钏，鬓贴着翠钿”，或者贴于腮上，“花钿坠懒贴香腮，衫袖湿镇淹泪眼”。

当然还要画眉，到了元代都是使用京西门头沟特产的眉石。在画眉材料的历史上，这是一个值得纪念的时刻。要知道，早在战国时期，女子就开始画眉，那时候没有专门的画眉材料，妇女是用烧焦的柳枝画眉，可以说女人为了美，真是什么办法都想得出来啊。后来就有了“黛”，这是一种黑色的矿物，经过加工，成为了专门的画眉材料。到宋代以后，“黛”也不多用了，开始更多地使用“眉石”，到了元代有了专门地区的眉石可供使用。

元代蒙古族女性也学着汉人女子染红指甲，雪白的手腕，松着金钏，配上鲜红的指甲，多惹人喜爱啊，也难怪蒙古族女性会兴致勃勃地涂起红指甲了。元初文人周密就对此做过记载:“凤仙花红者用叶捣碎，入明矾少许在内，先洗净指甲，然后以此敷甲上，用片帛缠定过夜。初染色淡，连染三五次，其色若胭脂，洗涤不去，可经旬。直至退甲，方渐去之……今回回妇人多喜此，或以染手并猫狗为戏。”周密记录的染指甲过程非常详细，现在大家多直接用指甲油，但在农村乡间还是有些老人家会用凤仙花的花瓣加上明矾给小姑娘染指甲，确实像周密说的，“洗涤不去”，这一点可比指甲油还强。

4. 元代流行的“佛妆”

早在唐之前，就流行“鹅黄”，就是用黄色装饰额间。可以直接用黄色涂抹在额间，或者是黄色的花钿贴在额间，两种不同的方法分别被称作“涂黄”和“贴黄”。它起源于南北朝时期，那时候佛教传入中原，女子从金佛中获得了启发，开始有了这种妆饰形式。到了唐代，“佛妆”就很盛行了，著名诗人李商隐就有“寿阳公主嫁时妆，八字宫眉捧额黄”的诗句。

元代的“佛妆”，是用一种从植物中获得的黄色染料涂抹在面部，看起来面若金佛，所以称为“佛妆”。据说这种纯植物的染料对皮肤很好，可以保养皮肤，又起到了装饰作用，所以很受元代妇女的喜欢。

只是想想古代女子把一个花钿往哪儿都能贴，再想想光是一个眉毛，就有无数种画法，以及她们把铅粉往脸上敷的勇气，就可以知道古代女子为了追求美是什么都做得出来的。爱美之心，真的是古已有之。

三、陈国公主墓——走进辽的服饰文化

古墓，往往是进入那个时代生活的时空隧道。古人“视死如生”，总会像安排活人一样，安排死去的亲人。古墓的格局、两边的壁画、陪葬品等都真实地向我们展示着曾经的岁月。每一次古墓的发现，考古人员总是有即将穿越的兴奋，总是有靠近真实的激动，也有一丝歉意吧，惊扰了墓中人如此漫长的沉睡。

这里向大家介绍辽代陈国公主墓，借此了解那个时代的服饰文化。

陈国公主是辽景宗的孙女，亲王耶律隆庆之女，十六岁的时候嫁给大自己十多岁的舅舅萧绍矩。辽为了保证皇室血统的纯正，有近亲结婚的习俗，一般耶律姓会和萧姓通婚。公主下嫁后，只不过两年，驸马和公主先后去世。驸马死时只有三十六岁，年轻的公主只有十八岁，公主的早逝留下了又一个历史谜题。

当考古工作者打开这个辽代皇族墓时，被丰厚的陪葬震惊了，辽代盛行厚葬，公主身份贵不可言，所以更是厚之又厚。公主和驸马并卧，头枕金花银枕，身穿银

鎏金卷云纹金花银靴
（辽代陈国公主墓出土）

丝网络葬衣，脸上覆盖着金面具，脚穿金花银靴。公主更是显得富贵逼人，头上放着鎏金银冠，脖戴珍珠项链，耳朵戴着珍珠、琥珀的耳坠，手腕上戴着两对金镯子，两只手上的戒指就有十一个。

1. 银丝网络葬衣和金面具

戴金面具、着银丝网络葬衣是契丹贵族下葬的风俗。银丝网络葬衣，是用0.5毫米的细银丝编织而成，整个网络由头网、臂网、手网、胸背网、腹网、腿网和足网组成。这些部分的网络是分别编织而成的，给死者穿上后组成一个整体，然后在银丝网络葬衣之外还要加上外衣。而金面具，是依照死者的五官和脸型打造的，例如公主所覆金面具就很圆润，而驸马所覆金面具则更显清瘦，颧骨微微突起。二人的金面具完全用纯金打造，这与公主和驸马的高贵身份有关。

为什么契丹族发展出这样的丧葬习俗？学界也是众说纷纭，部分学者认为这跟契丹族信奉萨满教和佛教有关。不管原因到底是怎样，但是从用银丝网络葬衣和金面具把整个尸体包裹住的做法中，我们可以了解到契丹人的生死观，他们认为“形不散则神不散”，只要罩住死者，那么他的灵魂就会被留下来，就会长存世间。

金面具
（辽代陈国公主墓出土）

2. **契丹贵族的香水**

在墓室中发现了一个刻花高颈玻璃瓶，是用来喷洒香水的。玻璃瓶以磨花或者刻花的手法来装饰几何图形，这是伊朗饰品的典型做法。结合元代的史料，我们知道元代贵族使用从伊朗运过来的蔷薇香水，那么辽代应该也是这样。蔷薇香水是伊朗有名的香水，上百公斤的蔷薇花才能提炼获得一升的蔷薇香水，再加上是从伊朗进口，所以非常珍贵，只有贵族可以使用。蔷薇香水可以喷洒在身体、衣物或者居室之间，清香怡人，很受贵族妇女的喜欢。

虽然是马背上的民族，但是女子追求美丽和雅致的心，和汉族足不出户的女子是一样的。

刻花高颈玻璃瓶

3. 蚕蛹形琥珀佩饰

蚕蛹形的佩饰以及琥珀材质的制品在契丹文化里都占有重要地位。契丹人信奉佛教，而鲜红的琥珀在佛教里象征着佛血，这大概是琥珀饰品在契丹这么流行的原因吧。而蚕蛹的流行，则是契丹接受汉族文化的表现。蚕蛹一生四变，是顺应天时的，而且蚕蛹会经历旧体的死亡、新的生命从死亡中孕育而生的过程。这样的天时观念以及生死观都是在汉文化的影响下形成的。

蚕蛹形琥珀佩饰

而出土的琥珀饰品中有一对龙凤造型的琥珀握手，分别握在公主和驸马的手中。握手，是死者手中所握之物。中原地区丧葬中也会让死者持有握手，这也是灵魂不灭的生死观的一种体现。公主的握手雕刻有凤的图案，而驸马的握手则是三爪龙的图案，从中我们可以知道龙凤图案在契丹王室中也非常流行。而且，一般龙都是四爪或者五爪，这里取三爪，可见辽国王室也是等级森严的。

这对握手大有来头，研究发现，琥珀材质来自波罗的海沿岸，是通过丝绸之路进来的。可见，当时贸易是比较发达的。

4. 契丹的服饰文化

最后，我们简单谈谈契丹的服饰。

契丹国的官服分为契丹官服和汉官服，是两服制，对应的契丹皇帝着汉官服，太后着契丹官服，由此可见契丹的统治者用心良苦。此时官员都戴幞头，幞脚的样式也是多种多样。这些都可以看到契丹受汉族文化影响很大，并且统治者深刻认识到汉族文化的宽博，所以主动接受汉族文化。

裹巾子、佩豹皮弓韬、穿圆领长袍的猎人，戴高冠、交领左衽袍的契丹贵族（辽金《卓歇图》，局部）

契丹男子一般穿圆领袍服，袍服长度到膝盖下方，但又不会太长，会露出靴筒，腰间束带。典型的特点是左衽，袍服上开始出现了纽袢，也就是疙瘩式样的袢扣。下身穿套裤，把裤管塞到靴筒里。如我们图上看到的，袍服一般色彩都比较暗淡，显得非常质朴，但是贵族阶层也会穿通体绣有色彩鲜艳的花纹的长袍。

契丹女子一般也是襦裙装，左衽，上襦比较长，裙子扎系在襦内。契丹女子也会穿曳地的长袍，交领左衽，下面配靴子。也有我们前面提到的曳地团衫，贵族妇女会穿着，因为需要侍女在身后扶拽。

契丹女子的一个代表性服饰是吊敦，也就是我们今天的连裤袜。传入宋代后，也为宋代妇女喜欢。太阳底下无新事，咱们今天的连裤袜是辽代女性的重要服饰。

前面我们也提到过，辽代发式盛行髡发。同为草原游牧民族，服饰都会首先考虑适用于游牧生活，所以契丹和蒙古族服饰有很多共同之处。但同时，每一个民族都会产生自己独具特色的服饰，就好像契丹的吊敦，好像蒙古族的质孙服和罟罟冠。

着左衽窄袖袍衫的女子
（辽金《卓歇图》改绘）

四、金代的服饰文化

建立金代的女真族来自冰天雪地的东北，后来金与两宋并立，领土扩展到秦岭、淮河一带，几乎吞并了半个中原，还俘虏了中原的皇帝，冤死了我们赫赫有名的岳飞将军，也算是盛极一时。金代的很多服饰和制度都受到辽的影响，同样是希望入主中原的游牧民族，辽对金而言，自然有很大的学习价值。例如官服，金也实行两服制，分为南北官，南官就是汉族官员，北官就是女真族官员。

女真族起源于东北冰雪之中，他们的服饰传统有一个很大的特点，就是根据所处的环境来定服饰的颜色和图案。举个例子，他们冬天的服饰多为白色，与冰雪一个颜色；到了春秋季节，多穿绣有“杂花卉”、“熊鹿山林”或者鸟儿雀儿这样图案的服饰，都是为了与环境相近。

女子服装喜欢的颜色是黑色、紫色和绀色。绀色是一种微微带红的黑色。女子不用负责打猎，所以她们的服装不用追求与环境相同。

在金庸的《射雕英雄传》里的完颜洪烈就是以金章宗完颜璟的第六个儿子为原型塑造的。影视剧中我们可以看到他戴着白色皮毛帽子，两端还有长长的护耳垂下来，一看就是严寒地区的人的造型。

金的男子服饰也是学习辽的，多为圆领袍服，左衽，窄袖，下穿裤和靴子。头发流行辫发，一般会结合髡发，剃去头顶头发，然后两边辫发，垂在肩上。男子也是有耳洞的，耳垂上多用金银或者玉石的珠子装饰。

女子服饰也和辽国女子的一样，流行襦裙裤配靴子，衣领左衽，腰间系带，带子很长，有时候甚至长到足部。她们独具特色的女子服是襜裙，形象点说就是铁圈衬裙，用布帛裹上铁丝作为架子把裙子撑起来。

黑龙江的金代齐国王墓的发掘，使得我们能够进一步了解女真族的服饰。墓中是一对夫妇，墓主人完颜晏是金世宗时期的最高行政军事一品大员。

齐国王完颜晏戴垂脚幞头，齐国王身边的女子戴青罗莲纹花珠冠，冠的外表是莲花花瓣三层连缀而成，每一层之间又装饰有千日菊的图案。花瓣边镶嵌有珍珠，整个冠嵌有很多珍珠，璀璨异常，冠后还缀有镂刻的白玉饰品。这顶珠冠能成为我国的“国宝”，很大一部分原因是它的工艺，使用“盘绦”技法，采用这种工艺的宋金实物发现的很少。

墓内出土的绿色绢丝套裤，让我们可以看到辽金元时期袍服下面的套裤式样，上宽下窄，只有两条腿，用带子系在腰间，然后把裤腿塞入靴内。

也有男子穿的驼色绢单上衣，和我们了解到的这一时期的上衣一样，交领左衽，不过这件上衣没有纽袢，而且两边有开衩。可见，基本的形制下，存在着有各种细小变化的服装。

驼色地朵花织金绢夹袜，可以让我们看到此时穿在靴子里的袜子是怎样的。袜高 33.9 厘米，在后跟处有两条绢带，穿的时候由脚底绕到脚背，然后在脚背打个结。袜子上绣有织金六瓣的小花，密密排列，只有贵族的袜子才能有如此细致的织金装饰，袜子里是驼色的素绢。

墓中女子穿了九层十六件衣服，裙、衫、袍、裤都有。我们要知道，穿很多层陪葬衣物，是丧葬中经常会有的，并不意味着生前的生活中会这样穿，是对死者的厚葬。例如有酱色地云鹤纹织金绢绵袍，交领窄袖，绣有飞鹤和卷云图案的面，所绣图案非常写实生动，内有酱色素绢的里子，中间絮有丝绵。出土的女子套裤和男子的略有不同，有面有里，中间絮有薄丝绵，上面有裤

褐绿地全枝梅金锦绵襜裙
（金代齐国王墓出土）

腰，裤腰上有绢带，腰下接裤腿，并且在裤腿上还有素色的脚蹬带，有点我们现在踩脚裤的意思了。

我们给出了褐绿地全枝梅金锦绵襜裙的图片，这件裙子也像前面衣服一样，有绣有梅花的面和素色绢，中间絮绵，墓主人生活在北地，女子的衣物会更注重美观和保暖。裙子的腰部背后有开口，开口处钉有绢带。根据现在看到的衣物上的图案，我们可以了解到女真族使用的图案多为写实的花卉或者动物图案，使用花卉图案也与宋代不同。宋代往往会把不同的花卉图案绣在一起，而女真贵族衣物上的花卉图案通常是一组图案反复排列，形成密密排列的构图。例如这件裙子全枝梅就分为两组，一组是由三朵正面盛开的梅花和七个蓓蕾组成，一组由两朵正面盛开、一朵侧面盛开的梅花和七个蓓蕾组成，然后开始排列组成连续的图案。

从这些物品中，我们既可以看到当时女真贵族服装的质地和样式，也要看到，虽然是北方游牧民族，但是贵族的生活总是相同的，他们的服饰总是极尽精致与华贵。

最后说一点关于这个墓的小八卦，墓主人完颜宴死时六十岁，墓中女子四十六岁。完颜宴的死是有史料可查的，告老还乡，也许由于路上的辛苦，最终病死故里。考古人员看到女子先入墓，因为完颜宴的身体压到了女子的衣袖，然后检测发现女子乃服毒死亡，应该不是完颜宴的夫人，而是他的宠妾。看到这里的时候，很多故事呼之欲出，他的妻子呢？为什么与他葬在一起的不是他的妻子？这个女子到底有多么受宠，又是在怎样的情况下服毒而亡？

逝去的人，逝去的时代，我们只能从只言片语和墓穴中探寻属于他们的故事。

第七章，明朝服饰

一、汉服的回归

在服饰史上，明代是一个重要的朝代，经历了异族服饰后，汉服回归了。

因为辽金元的异族统治，所以明代严格禁止胡服等异族服饰，再加上朱元璋出身草莽，他算是真正的下层，比同样是草莽出身的刘邦还不如，至少人家还是政府官员。朱元璋的出身，使得他对自己的下层身份更为敏感，敏感对应着的就是控制，他控制言论，也控制服饰。明代是一个充满控制的朝代，后来发展出来的东西厂卫，让人闻风丧胆。这一切表现在服饰上，就是等级制度更加强化，平民和贵族之间的服饰界限更加严格。

另一方面，我们大家都读过朱元璋的诗吧："鸡叫一声撅一撅，鸡叫两声撅两撅。三声唤出扶桑日，扫退残星和晓月。"这首诗后两句转得大气磅礴，帝王之气顿时喷涌而出。同时我们也看到，朱元璋是个粗人。他要控制，所以有严格的服饰规定，但是他是粗人，他自己就受不了前朝服制的各种琐细的规定，所以明朝服制也很简洁。简洁但是严格控制，这实在很像朱元璋这样出身草莽的帝王会做的事情。

再者，创新对他来说多少困难了点，没关系，我们已经有漫长的历史积淀在那儿了。所以明朝汉服的特点是：上取周汉，下采唐宋。我们可以看到以前出现的各种元素，都可能出现在明代的服饰上，真正是汉服的回归。同时，明代社会经济极大地发展，生产力水平不断提高，纺织业更是发达，这些都会让此时的服饰在严格的等级控制下更加多样。

1. 明代士人的典型服饰

明代士人的典型服饰是戴儒巾，穿大袖衫。我们可

戴儒巾、穿大袖衫的士人
（明人肖像画）

以看到士人穿的大袖衫是斜襟，大袖，袖长过手，衣长到足部，是宽大且长的袍衫。有民谣说“两只衣袖像布袋”，说的就是这种大袖衫。

明代巾和帽子有两个特别的发明：四方巾和六合帽。一听这名字就有“扫退残星和晓月”的气魄，四方六合，天下一统，正是朱元璋给巾帽的寓意，合起来称为“一统六合帽，平定四方巾”。四方巾是用轻软的黑色纱罗制成的，上下有缘，起到支撑作用，因为材质是纱罗，可以折叠，展开的时候四个角都是方的，呈现倒梯形。四方巾的高矮不停地变化，后来变得特别高大，所以百姓笑称戴四方巾的士人真的是读书人，他们出门都是“头顶一个书橱”，可见此时的四方巾演变得多么高大。

六合帽就是我们所熟知的“瓜皮帽”，把绸缎或者其他布料裁制为六瓣，缝合到一起，全名是霸气的“六合一统帽”，但是因为看起来像半个西瓜，所以民间多称“瓜皮帽”，一下子所有的气势都没了。瓜皮帽在清代依然很流行，不知道为什么，大家对瓜皮帽的印象都不太好，大概是到了清代经常出现戴着瓜皮帽、提着鸟笼、无所事事的旗人，甚至是地痞流氓也常常戴着瓜皮帽到处寻衅滋事，或者它的形状透着一种圆滑，缺乏庄重感。不管怎样，我们要知道，它出现之时，承载的寓意是无比庄重的，同时它戴起来也非常方便舒适，所以流传很久。

明代又一个重要的发明，就是男子束发用的网巾。为了不让散发掉出来，明代发明了网巾，用来约束发髻。平时在家里甚至可以直接戴网巾，但是外出是一定要戴上四方巾或者六合帽的。网巾可以用马毛或者棕毛编织而成，或者用绢做成，网口有布帛做成的“边子”，边子内有金属做成的小圈，内有抽绳，戴上网巾后可以用抽绳收紧，头发就完全束住了。

戴六合帽的明代彩釉瓷俑
（现藏四川省博物馆）

戴网巾、穿交领衣的纺织工
(明本《天工开物》插图)

2. **平民男子的服饰**

平民男子多穿直裰，直裰是一种交领长衣的男子服饰，腰间系有丝绦。版画《农民形象》中的左边第一个男子是穿直裰，头上包一块头巾。第二个男子戴的是大帽，一种遮阳帽，我们可以看到帽子下面露出来的网巾的“边子”。

这时候也流行在袍衫外面穿氅衣。氅衣，就是我们说的披风，一种对襟式样的外套，男女都可以穿，一般为大袖敞口，对襟直领，两边开叉。当时的人们认为这是从宋朝的褙子发展过来的，只是更为宽大，在衣襟处有丝带，可以用来固定。

下层劳动者的最常见打扮是上身穿短衣，下身穿

农民形象
（明刻版画《孔子圣迹图》）

裤，并且有绑腿，把裤子扎入绑腿，更加利落，适合劳动。头上包一块头巾，把头发裹住，腰间系腰带，收紧短衣，脚上穿上耐磨的履。这身打扮可以下田，可以搬运，是最适合劳作的打扮。

3. 平民女子的服饰

这时候女子依然流行穿襦裙，我们说过襦裙是女装的基本款或者说经典款，只是襦和裙的长短有变化。明代襦长只到腰，裙长到足部，襦衫扎在裙子里面，裙上部扎在胸下，腰间束带。也可以在裙外面加一个短裙子作为围裳。就像我们现在会有穿衣搭配的基本法则，明

穿襦裙的乐妓
（明本《琵琶记》插图）

代襦裙搭配也形成了自己的基本规则:“衣短裙长，衣长裙阔。”上衣短，裙子长，显得人更为修长；如果上衣比较长，那么下裙就更为宽松一些，显得人飘逸。

另外一种常穿的服装就是衫裙、袄、裤和褙子的搭配。宋代流行的褙子，在明代依然非常盛行，无论是命妇还是平民女子都可以穿。但是她们穿着褙子的样式却不同，命妇的褙子多为合领对襟大袖，而平民女子的褙子则是直领对襟窄袖。

平民女子的服装多为紫色粗布衣服，或者是桃红、紫绿这些比较浅淡的颜色，她们绝对不可以用大红和黄这样的正色，鸦青这种纯度特别高的颜色也是禁止平民使用的。

平民女子着装颜色的严格禁令，也是明代服饰的一大特点吧。而且为了区分贵贱，她们也绝对不可以使用金线绣制的服装。只能说，朱元璋是要一心一意打造贵族形象，和下层人民区分开来。

褙子变形可以形成披风，其实褙子直接变形形成的是比甲，只需要去掉褙子的袖子。比甲可以算是无袖的长褙子，既保暖，同时又方便做家务，所以很为明代妇女喜欢。这种没有袖子的长褙子再进一步变化，就出现了清朝流行的马甲。

穿褙子的贵妇及侍女
(唐寅《簪花仕女图》)

明代流行的另一种衣服，可以说是这个时代女服的独特潮流——水田衣。水田衣是利用各种零七八碎的布帛缝制到一起形成的，看起来好像一块块有边界的水田，和袈裟的做法一样，也就是我们说的百衲衣。水田衣开始兴起的时候，是很齐整的矩形拼凑起来的，后来慢慢不讲究形状，只是进行拼凑。水田衣似乎很适合贫民家的女子，即使打补丁也看不出来。上层社会的妇女也很喜欢水田衣，她们就比较奢侈了，为了让服装颜色漂亮，甚至毁坏一整块绸缎，只为了使用需要的那么一小块。虽然水田衣在明代比较流行，但是在唐代就已经出现了，王维就有诗云："乞饭从香积，裁衣学水田。"

4. 明代妇女的首饰

明代妇女的发髻样式基本还是沿袭宋代。随着经济的发展，这个时期的首饰更为多样，也更为精美。例如金镶玉，温润的玉石外面包裹着金子，形成金属和玉石的完美组合。头饰既有通体翠绿的碧玉发簪，也有雕刻各种图案的金发簪。

簪于发髻的半月形梳子有最简单的木质梳子，也有金属材质的梳子，更有象牙梳。步摇依然是挽髻的妇女们喜爱的头饰。

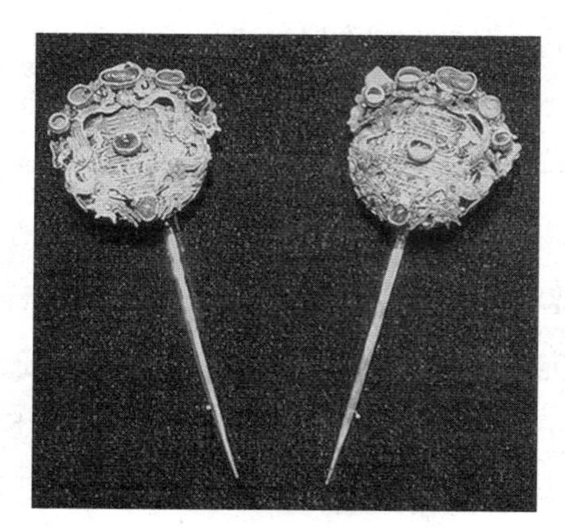

双龙福寿鬓花
（明代藩王益宣王朱翊鈏妃孙氏墓出土）

明代藩王妃子墓出土了一对双龙福寿鬓花，我们可以看到这个时期首饰的一些特点。这对簪花中间分别刻有篆体的“福”、“寿”字样，出现文字图案，正是此时装饰图案的一大特点，像福、禄、寿、喜这样寓意吉祥的字眼开始作为图案出现在各种饰品中。两侧纹饰是双龙戏珠，所以我们一看就可以知道这簪子是出自明朝王室的墓穴中。这一对簪花一共嵌有红绿宝石十四颗，簪子的主体材质为金子。从材质到图案到寓意，只能感叹，这真是一对富贵的簪子啊！

看完金簪花，咱们再来看一看最能显出不俗气质的玉簪子。四川省绵阳市明墓出土的这对玉簪子，是使用

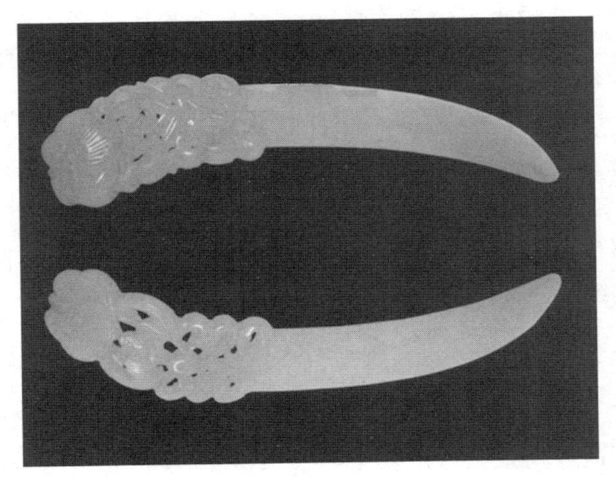

明代玉簪

（四川省绵阳市明墓出土，现藏于绵阳博物馆）

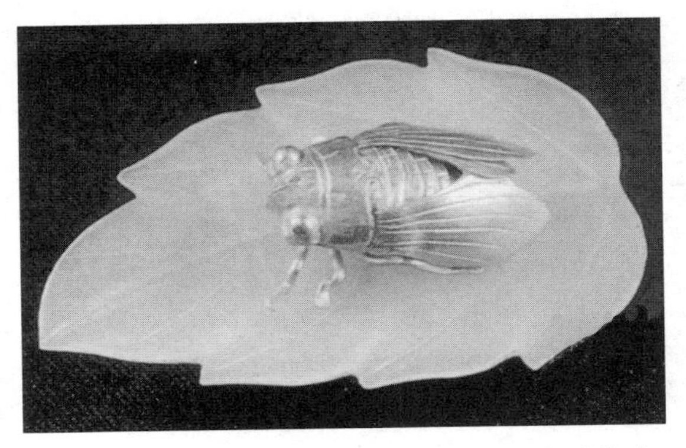

玉叶金蝉簪首

（明代吴县五峰山出土）

温软光洁的青玉雕刻而成的，整个簪子呈弧形，前段雕刻有花卉以及鹰眼蝙蝠图案，而后端是完全的素净玉面，繁复配合素净，通体都是利用一块玉石雕琢而成，这样的一对玉簪，真是让人爱不释手。

接下来展示的草虫簪，可以立即吸引人的视线。金子制作成的活灵活现的蝉，伏在玉雕刻成的梧桐叶上。这是一个簪子，更是一个自然界的故事，伏在女子的发髻上。

看着这些美丽的饰品，真是有点羡慕古代的女子了，这般精致美好的簪子，不管是温润的玉，还是精雕细琢的金子，或者干脆就是金镶玉，那些细细雕琢出的图案，如此精美。只是看着就是一种享受，更不要说每一个簪子肯定都有一段故事，一种记忆附着在上面，每天慢慢地簪于发上，摇曳出一个女子该有的美丽和精致。

二、明代官员的服制

明代的官服，是这个时代最有特色的服饰，经过三十年的不断修整，明代发展出一套成熟的官服体系。象征符号在官服上的使用，达到了一个顶峰。通过服色以及花纹，已经可以一眼看出官员的品级，曾经很多首服上插戴的琐碎的饰品以及衣服上的佩饰都可以简省了。而补子的发明，可以说在实用性和区分官员等级上，都是非常成功的，到了清代，废除了品色制度，但是补子依然沿用。

纵观整个封建时代，官员的服饰可以分为：冕服、弁服、朝服、公服、常服。当然不同时期会有变化，但是总体看来是这样的。冕服是最高等级的服饰，用于祭祀大典这些特别隆重的场合。弁服仅次于冕服，也是用于比较盛大的场合。朝服，也许产生之初是希望作为朝堂之上的服装，但是因为它过于烦琐，所以一般只有在朔望日上朝时才会穿，慢慢发展成不再是朝堂之上的服装，而是用于庆典的礼服。而公服与朝服形制相同，不过是省略了很多佩饰，以及对中单衣的要求，是一种

“从省服”，一般是上朝的时候穿。但是，官员最常穿的还是常服，因为它简单且等级区分也非常明显，办公、上朝都可以穿。

1. 官员常服的特色——补子

回到明代，我们先来介绍此时最有特色的常服。给常服一个简单的定义：常服是文武官员处理日常公务的时候穿的衣服。

明朝的常服是乌纱帽和圆领袍服。最有特色的地方是产生了“补子”，我们在影视剧中经常看到，明清官员袍服的胸前和后背上都有一块方形图案，这就是“补子”，它按照文官还是武官以及官阶、品级的差别，绣有不同的鸟纹或者兽纹图案。“补子”是单独做好，然后加在袍服上的，而不是直接在袍服上绣图案。

明代的补子是长、宽均为 40 厘米的方形，利用机器统一做好绣底，然后再由专门的绣工绣上图案，最后补缀在做好的袍服上。这种补子和袍服分离的做法，使得袍服的生产效率提高了，成本降低了。要知道袍服图案都是有严格要求的，如果与成衣一体制作，即使是一点细微的错误，整件袍服都要重新制作，而且出了错的袍服也不可能给任何人使用，就会造成了极大的浪费。

穿常服的官吏
（明人《江舜夫像》）

有了补子以后，就解决了这个问题，而且还可以方便更换。

补子上的图案，具有极深的寓意，不仅仅是区分官员等级，而且象征着皇帝对于官员的期待和要求。补子的出现，取代了烦琐的冠冕服饰制度，标志着官服的高度符号化。

接下来，我们就来看一下补子的图案吧。文官使用鸟纹，象征着文官要有比较高的文采，从容娴雅；武官使用兽纹，象征武官要像猛兽一样勇猛无畏。

一品文官用仙鹤，仙鹤在古代是长寿的象征，并且仙鹤有仙风道骨之感，所以在古代所有表示祥瑞的鸟中，仙鹤仅次于凤凰。《诗经·小雅》也有“鹤鸣于九皋，声闻于天”，所以仙鹤是可以直接和天沟通的，就好像一品大员也是离皇帝最近的。我们可以想象做到一品的大多是位高权重的老臣，把仙鹤赐给一品大员，一方面体现皇帝希望老臣们福寿绵长，可以多为国家效力，另一方面也希望他们“声闻于天”，能够给皇帝带来真实的声音，有所作为。在仙鹤补子中，仙鹤正是昂然向九天而鸣，不是取闲云野鹤之意，而是取积极作为的姿态。与仙鹤结合的图案是翻涌的浪潮，“潮”谐音“朝”，正是“一品当朝”的寓意，大气磅礴。补子中总是会出现日月当空的图案，在一品仙鹤的补子中，一轮红日也是很明显的，代表着天子。无论补子中的鸟儿再昂扬，总是在天子之下，也总是朝向天子。还体现出崇敬天时的思想，天地的思想在古人的脑海里根深蒂固，崇敬天时，是非常重要的传统思想。

再如四品是云雁，大雁来去总是成行有序，用云雁的图案做补子，体现了皇帝希望百官总是有规有矩，井然有序。二品是锦鸡，锦鸡羽毛华丽，一呼百应，在古代是非常吉祥的鸟。但是插一句题外话，第一和第二总是有巨大落差的，一品到二品，从仙鹤这样一种仙鸟，直接落成凡鸟了。到了末品就是练雀，因为练雀的尾巴和官员的绶带很像，所以又被叫作绶带鸟，而绶带象征着权力和富贵，练雀也就有了这样的寓意。明朝补子中的鸟多为两只，体现互相扶持之意，而且成双成对正是一种吉祥的寓意。

再来看武官，一品武官的补子是麒麟。我们都知道，上古有四大灵兽：龙、凤、麟、龟。龙凤归王室所有，把另一神兽麒麟赐给一品武官，体现了皇帝对官员的莫大恩赐。另外，麒麟是一种主仁德的灵兽，它的形象是有力但绝不为害的。皇帝的一品武官，身着麒麟，可见“武”的最高境界是“止兵戈之乱”，是和平仁德，这是皇帝的心愿，也是皇帝希望能成为一个讲王道而非霸道的仁君的表现。

二品官员绣狮子，三品绣豹子，四品绣虎。

在文官中还有特殊的法官，御史扮演着法官的角色，承担国家的司法职责，他们的补子图案是獬豸。獬豸是我国古代传说中的上古神兽，被称为“独角兽”。因为獬豸能够分辨是非曲直，所以成为公正的象征。传说在争端中，獬豸的独角总是会指向邪恶的一方，甚至可能用独角取邪恶方的性命，所以在我国獬豸就是法的象征，现在我国任何一所政法类大学中一定都可以找到獬豸的身影，例如中国政法大学图书馆法渊阁中就有獬豸的塑像，昂然立于大厅之中。古代，在獬豸作为法官的补子之前，就有獬豸冠，由御史佩戴。

以下所列，是清代的文武官员的品级与补子图案的对应表：

品级	文官补子图案	武官补子图案
一品	仙鹤	麒麟
二品	锦鸡	狮子
三品	孔雀	豹
四品	云雁	虎
五品	白鹇	熊罴
六品	鹭鸶	彪
七品	鸂鶒	犀牛
八品	鹌鹑	犀牛
九品	练雀	海马
法官	獬豸	无

2. 官员的公服

公服是官员面见皇帝时穿的服装。明朝公服是盘领右衽袍，头戴展脚幞头，脚蹬皂靴，腰间系有革带。

在这一套服饰中，用来区别等级的是服色、服装上绣的花纹直径尺寸、腰间革带的材质。与唐朝公服相比，更为简单一些。明朝沿用了唐代的品色制度，但是去掉了紫色，这也是朱元璋的缘故。他姓朱，又认为明代是火德，崇尚赤色（他认为赤色就是朱色），所以整个色系以朱色为正色。孔子有云："恶紫之夺朱也。"一句话，就让紫色不可能成为一品大员的服色了。紫色从品色制度中被废除，从唐代尊贵的颜色变成明代低贱的颜色。我们前面提到过，民间女子不可以穿大红等色，她们的褙子的颜色多是紫色。因为皇帝的姓氏和孔老夫子的一句话，紫色在明朝是真正堕落了。这样，一品到四品都用绯色，五品到七品都是青色，八品和九品用绿色。再结合袍上所绣的花纹，就可以完成官员等级的识别工作了，一品大员绣大独科花五寸（独科花就是团花），二品就是小独科花三寸，三品也是三寸，但是不是团花了，改变了形式，称为散答花。再往下就是直径越来越小的杂花，而八九品是没有花的。

不同品级官员使用的束腰带也是不同的，只有一品大员可以用玉带。其他品级束带的材质有犀角、金荔枝、乌角等。

明代穿公服的官员
（明人绘《李贞写真像》）

3. 官员的朝服

朝服不是上朝的服装，而是一种庆典礼服。例如冬至，在古代冬至会举行很大的朝会活动，官员朝服穿戴整齐，天没亮就往皇宫跑。明代刘球就描写过冬至朝会时候的景象:“及东方之未曙，仰明星之犹光。车尘纷纭以起涂，烛影灿烂以交张。听玉漏之滴沥，望庭燎之辉煌。”在朝会中，皇帝会封赏百官。古代朝廷总是会在特定的节日举行这样的朝会活动，例如冬至、元旦。虽然是没有实质意义的仪式，但是就是这样的仪式，把百官和皇帝维系在一起，让百官不断感受到帝王的恩威。

在这样的庆典活动中，百官穿上与平时不一样的朝服，也是仪式的重要组成部分，从他们穿戴朝服开始，仪式就开始发挥作用，他们就开始感受到帝王的威势，就已经心悦诚服地臣服于帝王脚下，也在这个过程中体会着为官的荣耀和恩宠。

明朝的朝服与唐代很像，赤色大袖袍衫，配方心曲领，头戴梁冠，足蹬云头履，内着白袜。不同的品级有不同材质的笏板和绶带。袍服里面要穿白纱中单，袍服外面佩戴赤色的蔽膝。

袍服的主色就是赤色，前面我们说过明朝崇尚赤色，也就是朱色。赤色是明朝国家政权的标志色，而朝服是国家政权中央的人物齐聚时候的穿着，举行大典，一片赤色的海洋，昭显着中央政权的强大，也带有喜庆的色彩。

在朝服之上，就是冕服，是最为正式的穿着。但是在明代，冕服的使用范围已经缩小了，只有皇帝、太子以及亲王、郡王可以使用，公侯以下的官员是禁止使用的。

了解古代的政治，一定要研究官服。官服把服饰用来“别身份”、“明贵贱”的象征意义发挥到极致，每一个细节都有其规定，这是官服在一般服饰意义之外的重要而特有的功能。

三、帝后的服饰

皇帝是一个国家最有权力的人，可是即使是这个最有权力的人，也绝对不是想干什么就干什么的，他们上要敬天敬祖，有一系列祖宗的规矩要遵守，下要对百官以及百姓负责。事实上，要做好一个皇帝也是很辛苦的。当然像明朝末期那几个皇帝肯定就没有这些想法了，例如有一个皇帝不上朝不议事，每天躲在后宫做木工活，朝臣有意见也毫无办法。但是多数皇帝，即使再不作为，也是会认真履行那些例行性的事务，即在特定的时间，穿着特定的服饰，出现在特定的场合。他们是享有盛权的天子，这是天命。

1. 皇帝的冕服：衮冕

我们前面说过，冕服是等级最高的服饰，用于祭祀等大型庆典活动。周公制礼时，规定冕服又分六等，其中第二等就是我们这里提到的衮冕。

《周礼·司服》曰："王之吉服，祀昊天、上帝，则服大裘而冕，祀五帝亦如之，享先王则衮冕，享先公、飨、射则鷩冕，祀四望、山川则毳冕，祭社稷、五祀则希冕，祭群小祀则玄冕。”从《周礼》中，可以看到六等冕服对应不同等级的祭祀，大裘冕是祭祀上天以及上古五帝时穿的，衮冕是祭祀先王时穿的。

周礼规定比较严格，在后来演变的过程中，各朝遵循周礼的基本服制，结合实际情况，制定本朝服制。

明代最高等级的礼服就是衮冕，即衮服加冕冠。我们在介绍秦始皇的冕服时提到过，冕服都是玄衣纁裳。玄代表天，纁代表地，表示崇敬天地。上衣是黑色，下裳可以为红色或者黄色。

所谓衮服，就是指绣有龙纹的衣服。明代衮服上衣绣有龙纹、十二章纹中的六种，下裳绣有十二章纹的又

明神宗缂丝十二章衮服
（复制品，明定陵出土）

六种。我们前面介绍过十二章纹，这是帝王可用的花纹，是皇权的象征。内着中单，是白色素纱，镶有青领。外佩戴赤色蔽膝，蔽膝上绣有龙纹，下方有三团火。足蹬赤舄，剩下的就是各种带佩于腰间衣前。

头戴冕冠。明代冕冠，形制与我们前面介绍过的秦始皇的冕冠基本相同。每一部分都有其寓意，提醒君主自身的责任。事实上，我们可以看到，君主总是被教育着的，连服饰上的每一个细节都在教育他如何做一个称职的帝王。

九旒冕
（明代鲁王朱檀墓出土）

2. **皇帝的龙袍**

提到皇帝服饰，我们首先想到的是龙袍。龙袍也不都是完全一样的，但是基本形制是黄色纱袍，圆领窄袖，绣有龙纹。龙袍上龙纹的数量和位置也是有规定的。比较常见的是十二个龙纹，十二是应和天时的数，在天子服饰上体现的最多。十二个龙纹图案的分布如下：两肩各一个，身前身后各三个，身体的两侧各两个。

戴乌纱折上巾，穿盘领窄袖、绣龙袍的皇帝
（《历代帝王像》，南薰殿旧藏）

龙袍上配的冠是折脚向上的乌纱折上巾，又被称为翼善冠。

皇帝的龙袍后来演变到也可以使用盘龙纹饰的圆形补子，这一点不同于官员，皇帝或者亲王的补子通常都为圆形。

3. 后妃命妇的凤冠霞帔

宋代就有了凤冠霞帔，但是它的真正成形和发展是在明代。凤冠，装饰有龙凤的形象，冠上饰满珠翠。明朝万历皇帝墓出土了四顶凤冠，分别为“十二龙九凤冠”、“九龙九凤冠”、“六龙三凤冠”、“三龙两凤冠”，皇后和妃嫔依照等级享用不同的凤冠。官员的妻子也根据丈夫的等级有特定的命妇冠服，她们的冠上不再有龙凤，但是依然习惯性地称为凤冠。

戴凤冠、穿霞帔的明朝皇后

（《历代帝后像》，南薰殿旧藏）

贵族女性的正式服装都配有霞帔，此时霞帔已经有严格的规定，宽三寸三分，长七尺五寸，不同等级有不同的颜色和花纹，霞帔下面所缀的坠子也不一样：

品级	霞帔图案	缀珠
一、二品	蹙金绣云霞翟纹	银花金坠子
三、四品	金绣云霞孔雀纹	银花金坠子
五品	绣云霞鸳鸯纹	镀金银花银坠子
六、七品	绣云霞练鹊纹	银花银坠子
八、九品	绣缠枝花纹	银花银坠子

皇后、妃嫔以及命妇们像男子一样有自己的礼服，并且历代变化都不大。到了明代，形成了完整的后妃和命妇的礼服服制：真红色大袖衫，深青色褙子，金绣花纹履，再加凤冠霞帔。等级的区分体现在服饰的花纹、质地以及所能使用的纹样饰品的数量和种类上。

女子的等级地位是由其丈夫决定的，这也是“夫妻一体”原则的体现。插一句，古代是严格的一夫一妻制，三妻四妾才是历史的特例，但是一夫一妻当然不是指男人只有一个女人，他们还可以拥有很多妾侍。只是妾，始终是奴婢，只有夫妻才为一体。皇上妃嫔再多，但是皇后只有一位，是他的正妻。

四、三寸金莲

女子为了美丽，敷铅粉，剃眉毛，这些跟缠足比起来，都是小巫见大巫。缠足，追求小脚美，在脚上下足功夫，是当时女子的大事。一双小脚，才能保证女子嫁得如意郎君，而即使贵为皇后，马皇后的大脚也受尽讥讽。脚，成为女子的第二张脸。围绕着小脚甚至发展出一种独特的小脚文化，而小脚所穿的弓鞋，更是越来越精美。小脚，是对女性的身体残害，但是它的存在，本身就是一种文化现象，封建时代女子对小脚的拥护，对大脚的排斥，更是发人深省。

1. 缠足的由来

缠足早在五代就开始，但是说起缠足的先驱，总会提到南唐后主李煜的宠妃窅娘。她擅长跳《霓裳羽衣舞》，在用黄金凿成的莲花上起舞，一双小脚轻盈地落在莲花芯上，舞姿轻盈曼妙。为了好看，窅娘用白帛裹脚，让脚弯成小小的新月形。窅娘不是缠足第一人，但是却极大地推动了缠足的风潮。这就是我们前面提到的美人效应：无论美人做什么，结果都是人人效仿之。

很多人考据说杨贵妃就缠足，证据是贵妃赐死后，有人拾得贵妃所穿的雀头鞋，只有三寸五，这么小的脚，很难是天足。更有徐用理的《杨妃妙舞图咏》说："曲按霓裳醉舞盘，满身香汗怯单衣。凌波步小弓三寸，倾国貌娇花一团。"三寸，虽然诗歌有夸张的成分在，但是杨贵妃的脚看来确实是比常人小。

更有人追溯到汉朝赵飞燕，甚至到商朝妲己，都是不可思议的小脚，可以做掌上舞。

无论如何，我们从中可以看到的是男性的审美更偏好小脚，而迎合男性的女子在自己的一双脚上下功夫，也是可以理解的。只是，这种情势居然愈演愈烈，本来也许只是用布帛裹脚，后来发展到把脚骨折断，改变脚的整个形状。

2. 缠足的方法

缠足最先是在上层女子之间流行，因为她们不用劳动。到了南宋年间，缠足开始发展到民间女子，裹小脚的女子依然要辛苦劳动，她们的人生是非常艰辛的。但是小脚已经成为社会的选择，成为评判女子的一个重要标准，不缠足的女子甚至嫁不出去。有一个笑话说，媒人巧舌如簧，形容一个女子“脚不大，周正”，男家一听非常高兴，马上聘娶，后来却发现女子是大脚，媒人解释说，自己说了，这个女子的脚不大周正。这虽然是一个关于标点符号的笑话，但是却反映出当时的社会现象，脚对女子有重要意义，影响到她们的婚姻。

女性不得不接受甚至主动进行缠足。追求更小更美的脚，也是在追求她们的美好人生。有一种说法是，脸蛋家世是一个女子无法选择的，但是塑造一双小脚，却是女子可以努力获得的，所以她们尤其热衷缠足。

通常由上一辈女性来给四五岁的女孩子缠足。冯骥才的小说《三寸金莲》里生动地描写了缠足的场面，主人公戈香莲由最疼爱她的奶奶给她进行缠足。因为是文学创作，戈香莲的缠足过程体现了缠足中能用上的所有酷烈的方法。首先是给大公鸡开膛破肚，把香莲的脚放进大公鸡的肚子里，利用鸡血软化骨头。然后拿出脚洗净，“让开大脚趾，拢着余下四个脚趾头，斜向脚掌下边用劲一掰，骨头嘎儿一响”，然后奶奶用裹脚条子把脚按这个形状一层层使劲裹起来，再用白线密密地缝起来。

这只是开始，为了获得更小更美的脚，香莲甚至要在碎瓦片、碎碗片上行走，每次换裹脚布“总得带着脓血腐肉生拉硬扯下来”；“只有肉烂骨损，才能随心所欲改模变样”。疼吧？是疼，但是越疼越要使劲走路，小香莲疼得不敢动，奶奶就拿着鸡毛掸子打着她走，就是这样，她宁愿挨打也还是不动，可见有多疼。

只是听到看到，便觉得毛骨悚然，真正缠足的女子的痛楚绝不仅仅是这样。

3. 弓鞋

缠足也是发展变化的，开始裹脚显然没有这么惨烈，只是把四个脚趾裹下去，脚尖尖的，所以这时候脚的长度没有那么小，所穿鞋子也是头尖尖的绣花鞋。后来脚追求越来越小，只好折断脚骨，改变脚的长度，脚的形状也呈现“弓形”，所穿的小鞋就叫“弓鞋”。

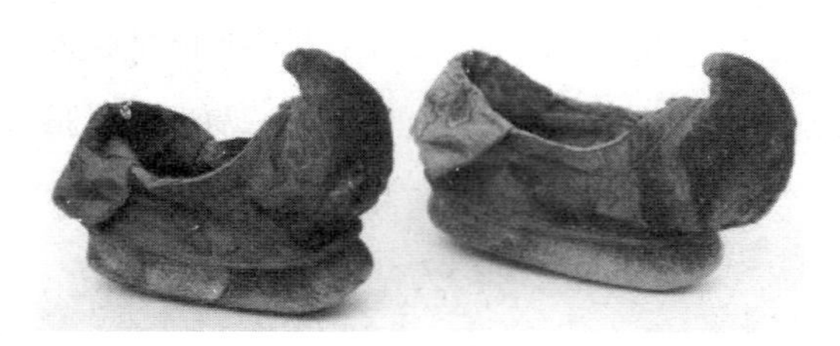

明代妇女的高底弓鞋

弓鞋有平底的，也有高底的。明代妇女的高底弓鞋，鞋底为木制弓形，整个鞋子形状像翘首的鸟头。最早弓鞋是指这种弓形的鞋子，后来泛指所有小脚女人穿的鞋子。在鞋面、鞋帮甚至鞋里面都绣有精美的花纹，富贵者更可以镶珍珠、翠玉。

缠足女子在鞋子上也是动足了脑筋，小脚鞋子更是种类繁多。这时候女子连睡觉都有专门的鞋子——睡鞋，为了睡觉的时候依然保持缠足的状态。

到了清代，汉族女子缠足最盛，出现一种尖口鞋，鞋帮由两片合拢，鞋头特别瘦小，女子行走时整只脚都藏于裙下，只有瘦小的脚尖偶尔露出裙摆。冯骥才在小说中描述这种情形时提到，周围的看客只觉得那突然露出裙摆的脚尖好像一只小鸟，只一出现便又没了影子，看的人心里痒痒的，只盼着它再出现。若隐若现，从来都是国人追求的一种美，这一点在小脚上也体现了出来。

与缠足相配的不仅有弓鞋，还有腿带，这是缠足女子绑在小腿上的缎带。下层女子使用素色腿带，上层女子则会在腿带上绣花纹，构成又一种风景。

4. 金莲文化

围绕着缠足形成了独特的金莲文化，文人纷纷欣赏赞美小脚。更有“鞋杯”之说，就是把酒杯放在小鞋里面，用鞋子喝酒，先闻小脚的味道，再闻酒香。这种今天看来非常古怪的行为，在当时被认为是风流雅士的举动。

明朝一位姓周的宰相花重金买了一个小脚女子，脚小到已经完全无法行走，只能依靠人抱着，人称“抱小姐”。看到这个事实，只让人觉得又怜又恨，哭笑不得，一如鲁迅所说的，“哀其不幸，怒其不争”。《三寸金莲》里冯骥才也刻画了这么一个“抱小姐”的形象，脚小到只有二寸，用文中话说就是“这脚就赛打脚脖子伸出个小尖。再一弯，也就橘子瓣大小”。搁在今天，这就是残疾啊，可是当时却让一众女人看得心服口服。当然，小脚的美很大程度上离不开鞋子，冯先生接下来描绘了“抱小姐”的鞋子，确实精巧漂亮，“外套鲜亮银红小鞋，精致绣满五色碎花，鞋口的花牙子，跟梳子齿一般细。不赛人穿的，倒赛特意糊的小鞋样子”。

更有评判小脚的各种标准产生，例如“七字法”：灵、瘦、弯、小、软、正、香。这些看客进一步诠释，发展到“尖非锥，瘦不贫，弯似月，小且灵，软如烟，正则稳，香即醉”，完全把小脚当成一个物件来欣赏讨论，而这些标准的背后意味着女性更加惨烈的缠足行为。

赞美小脚的诗词更是层出不穷，从唐代就有“小头鞋履窄衣裳”，“钿尺裁量减四分，纤纤玉笋裹轻云”的诗句，男人喜欢小脚，连我们崇敬的大诗人都不例外，这两首诗歌一个作者是白居易，一个是王维。宋代大词人苏轼也有词云：“涂香莫惜莲承步，长愁罗袜凌波去。只见舞回风，都无行处踪。偷穿宫样稳，并立双趺困。纤妙说应难，须从掌上看。”只是，那时候他们也许只是纯然地欣赏女子的纤纤玉足，也没有想到缠足会发展到后来的地步吧。

清代文人方绚曾写有专门赏玩小脚的作品《香莲品藻》，而清末民初那位学贯中西的大学者、曾留学欧洲且有着深厚西学素养的辜鸿铭竟也迷恋小脚。

庆幸，这种疯狂的审美文化已经成为过去时，庆幸，我们生活在一个更为自主的时代。但是另一方面，我们也要看到现代对女子的身体依然是一种凝视的态度，女子的身体依然容易沦为商品。很多女性依然作为一个审美的客体存在着，如果裹脚之风再度兴起，很多女性也许会更为疯狂地投入到这场运动中。就像现在女性使用的个别减肥手段不能不说是惨烈，接受的一些整形行为对身体的损害并不亚于裹脚。

当我们怜惜那些裹脚女人的时候，不妨也怜惜一下身处在这种审美思潮中却不自知的自己。我们要追求美丽，但是我们更要热爱自己，美永远是由内而外的，最美的东西一定无法通过一条裹脚布，或者一把整容手术刀获得。不妨学学古代女子，从一个步摇，一只玉簪上，发现美丽，美得温婉而高贵。

五、看红楼，品服饰

清代曹雪芹的《红楼梦》中的服饰，是明清服饰文化的体现。他把故事设定在明朝，用的是“假语村言”，所以我们可以从中看到很多明代的服饰文化。这里，我们不妨翻检几处，品味一下书中的那些服饰。

1. 王熙凤的装扮

在林黛玉初进贾府这一回里，王熙凤的出场最有特色，她那未见其人先闻其声的爽朗笑声，以及那一身耀眼的打扮，令人读之难忘：

> 彩绣辉煌，恍若神妃仙子。头上戴着金丝八宝攒珠髻，绾着朝阳五凤挂珠钗；项上带着赤金盘螭璎珞圈；裙边系着豆绿宫绦，双衡比目玫瑰佩；身上穿着缕金百蝶穿花大红洋缎窄褃袄，外罩五彩刻丝石青银鼠褂；下着翡翠撒花洋绉裙。

简单来看，王熙凤穿的是上袄下裙，袄外加有褂子。说到这里，要补充一句，明代的又一个服饰特点是出现了纽扣，这是以前的衣服所没有的元素。但是对襟带纽扣的大褂，还是清代最为流行。再看饰品，贵族女子腰间佩戴玉佩，发间更是多华丽的簪子和凤钗。挂珠，是指从钗上垂下链子，挂着宝珠，而五凤挂珠钗，通常的设计是让这条链子从凤凰口中吐出。这里提到的璎珞圈，就是挂在脖子上的项圈，有珠宝装饰，是一种颈饰。在87版影视剧《红楼梦》中我们经常可以看到宝玉挂着项圈，上面有他的玉。

这里是文学创作，作者通过这段服饰描写，极言贾府的富贵逼人，更是为了刻画凤姐在贾府的地位和权势。我们也说过，到了明代，对服饰有严格规定，凤是只有皇室才可以使用的，但是另一方面，随着社会经济的发展，朝廷的腐败，民间出现的僭越行为就越来越多，贾府是豪门大户，贾家的女儿是宫中的娘娘，这种行为完全可能出现。后来秦可卿的丧礼，不就是用了亲王的棺木嘛!

2. 贾宝玉的出场服饰

林黛玉第一次见到贾宝玉，他的穿着是怎样的呢?

头上戴着束发嵌宝紫金冠，齐眉勒着二龙抢珠金抹额；穿一件二色金百蝶穿花大红箭袖，束着五彩丝攒花结长穗宫绦，外罩石青起花八团倭缎排穗褂；登着青缎粉底小朝靴……项上金螭璎珞，又有一根五色丝绦，系着一块美玉。

这里塑造的是一个风姿夺人的公子哥形象，可见贾宝玉是集万千宠爱于一身的小少爷。基本服装应该是袍服，外罩褂，下配靴，腰间系带。这里提到了“抹额”，也是明代流行的一种装饰，一条宽带子，贴着发髻系在额头上方，上绣有精美的花纹。在剧中，贾赦那个色老头看上鸳鸯那一集里，邢夫人来找鸳鸯说合，鸳鸯正绣着的就是贾母的抹额，后面还出现了鸳鸯帮贾母佩戴抹额的画面。

1987版《红楼梦》贾宝玉剧照

3. 平儿理妆

王熙凤吃醋打了平儿，贾宝玉就在怡红院帮平儿理妆。每次看到这里，都会感叹，古代贵族的生活是多么讲究，只是简单的胭脂水粉都透出精致。贾宝玉给平儿用的什么粉呢？“宣窑瓷盒”里面“盛着一排十根玉簪花棒”，他拈出一根给平儿，解释这个粉的材料“不是铅粉，这是紫茉莉花种，研碎了兑上香料制的”，粉在花棒里盛着，平儿倒出来，“果见轻白红香，四样俱美，摊在面上也容易匀净，且能润泽肌肤，不似别的粉轻重涩滞”。

托贾宝玉的福，咱们也可以见识一下古代的高级胭脂是什么样子的。平儿看到“胭脂也不是成张的”，可见平时平儿用的应该是咱们前面提到的一张张的“绵胭脂”，宝玉这里的胭脂“却是一个小小的白玉盒子，里面盛着一盒，如玫瑰膏子一样”，这应该更像我们所说的“蜡胭脂”了，是膏状物。宝玉又跳出来介绍了，“那市井卖的胭脂都不干净，颜色也薄。这是上好的胭脂拧出汁子来，淘澄净了渣滓，配了花露蒸叠成的。只用细簪子挑一点抹在手心里，用一点水化开抹在唇上；手心里就够打颊腮了”。我们不仅知道了高级胭脂的做法，还知道了高级胭脂的用法。白玉盒子，用细簪子挑出一点，如此精致，而效果自然是“鲜艳异常”，“甜香满颊”。

接下来，宝玉还不忘剪下来一只并蒂秋蕙，用来给平儿簪发。

4. 女子以红色为美

王熙凤的出场就是“大红洋缎窄裉袄”，后来刘姥姥一进荣国府的时候，王熙凤也是穿着“桃红撒花袄”和“大红洋绉银鼠皮裙”，而整部《红楼梦》里描写王熙凤的服饰一共就三处，两处都着红色，可见她对红色的喜爱。或者说生活在清代的曹雪芹是非常喜爱女子穿红的，用红色表现女子的青春貌美。

而第四十九回《琉璃世界白雪红梅》中整个白雪世界中红的可不止红梅，更有点缀在其中的女孩子们。大观园的女孩子们多着红色，黛玉是“掐金挖云红香羊皮小靴”，罩“大红羽纱面白狐狸里的鹤氅”，连总是病恹恹的黛玉都被这红色衬得活色生香。迎春、探春和惜春众姊妹都是“一色大红猩猩毡”，史湘云也是“大红猩猩毡昭君套”。

那么，谁没穿红色呢？李纨是“青哆罗呢对襟褂子”，这很符合她寡妇的身份，一个灭了欲望的女子形象。邢岫烟是“家常旧衣”，没有多加描绘，更没有写她穿红，因为她家境贫寒，很是窘迫，在这种情况下不适合用红色突出她。而薛宝钗“穿一件莲青斗纹锦上添花洋线番羓丝的鹤氅”，也没有像别人那样穿红，这是她性格决定的。就好像她所服的药“冷香丸”，她是一个没有温度和过多欲望的人，一个礼教下的典范，虽然正当青春年华但却像李纨一样身穿青色的衣衫。大家应该还记得刘姥姥进大观园，贾母带着大家参观女孩子们的住处，薛宝钗处是雪洞一般空荡。

曹雪芹的高明就在这里，只是一处服饰描写，每个人的服饰都体现了她们的性格。黛玉虽然柔弱多病，伤春悲秋，但是在这里我们就可以感受到她心中的热情，她是活生生的。

贾府的丫头也会穿红，显得娇俏可人。第二十四回，就有宝玉看到鸳鸯穿着“水红绫子袄儿”而忍不住上前偷香的描写。第二十六回里的袭人也是“穿着银红袄儿”。“趁月色见准一个穿红裙子梳鬅头高大丰壮身材的”，这会是谁呢？高壮身材的是勇敢追求爱情、英勇赴死的司棋，这是第七十一回中对司棋的描写。而丫头中很重要的一个，晴雯，死的时候也出现了红色袄，

“就伸手取了剪刀，将左手上两根葱管一般的指甲齐根铰下；又伸手向被内将贴身穿着的一件旧红绫袄脱下”。第六十三回，对活泼的芳官的描写也是红色，“芳官满口嚷热，只穿着一件玉色红青酡绒三色缎子斗的水田小夹袄，束着一条柳绿汗巾，底下是水红撒花夹裤，也散着裤腿”，这里出现了水田小夹袄。我们看到，丫头穿的红多为水红或者银红色，没有直接描写她们穿正红的句子。

红色是比较尊贵的颜色，明朝一度有禁令禁止民间女子穿大红这样的正色，只可以穿桃红这样的浅红色。在年节期间，贾宝玉被小厮茗烟带出去，到了袭人家的时候，看到了炕上一个穿大红衣服的女孩子，准确说还盯着人家看。所以回到怡红院后，宝玉专门问到这个女孩子，并叹了口气，袭人的反应是“叹什么？我知道你心里的缘故，想是说他那里配红的”。袭人的看法反映了当时大红确实不是谁都可以穿的，这样的禁令是存在的，不过是早就松弛了，所以各种僭越行为都出现了。

这里的服饰文化实在不是一个小节能写完的，单看回目里就有“蒋玉菡情赠茜香罗，薛宝钗羞笼红麝串”、“黄金莺巧结梅花络”、“喜出望外平儿理妆”、“勇晴雯病补雀金裘”、“呆香菱情解石榴裙”等，而里面，如果留心细看，会发现里边有一个完整的服饰世界。

第八章 清朝服饰

一、满汉并行的清朝服饰

终于走到了最后一个封建王朝——清朝。清朝是离我们最近的一个封建王朝。内忧外患，它的最后，走得格外艰辛。西方用武力打开了中国封闭千年的大门，大门内固守的旧俗和传统，几乎一度被涤荡一清。即使是汉族以外的族群入主中原的时代，也顽强存在着的汉服，居然从此退出了舞台。我们终于还是进入了西装、小洋装、牛仔裤的时代。

但是在末世以前，这个王朝依然强大有序，王朝内的人几乎眼睁睁地看着这一切发生，摧枯拉朽，瞬息万变。而在这一切发生以前，人们只觉得守着远方朝堂上的皇上就好。满服和汉服相互融合，服饰文化也逐渐成形稳定。

那么，我们就先来看看国门内清朝的服饰景象吧！

满族是一个马上民族，所以他们的服饰不同于汉族的宽衣大袖，而是更为紧窄合身，从后来清朝的很多流行服饰的名字中还能看到马背上的民族的特点，例如“马褂”、“马甲”，还有最有特色的“马蹄袖”，一看就是从方便骑马的服装得名的。清朝建立后，一度强行推行“剃发易服”，遇到的阻力，可想而知。统治者为了缓和矛盾，改变了策略，当时流行“十从十不从”，“从”就是从满俗，“不从”就是依“汉俗”，例如有“男从女不从”、“阳从阴不从”等。这样，满汉矛盾缓和，也开始了满汉交融的时代。

1. 男子的发型

这应该是最需要说的一点吧，在清朝的铁腕政策下，汉族强大的“身体发肤，受之父母”终于在男子的头发上松动了，从此有了前额剃发、背后拖着一条大辫

乾隆年间的发型

子的中国男子的形象。清初不断反抗的汉族百姓，到了民国建立时又要拼命去保住自己的大辫子，这其中的变化，令人唏嘘，也令人深思。

据说清初颁布的剃发令规定：全国官民，京城内外限十日，直隶及各省地方以布文到日亦限十日，全部剃发。明确提出“留头不留发，留发不留头”的口号。因为剃发，汉族反抗此起彼伏，清朝镇压也是毫不手软，甚至发生了历史上惨绝人寰的“嘉定三屠”，嘉定在一年内三次遭屠城。

当时汉族男子的选择只能是剃发，或者死亡，再或者遁入空门，有些汉族男子剃发后会因为内心觉得羞耻以及抵抗情绪戴上我们前面提到的瓜皮帽，把辫子盘起来放到帽子里。要知道，清朝的辫子不是一开始就是我们所熟悉的粗壮的牛尾辫，早期有过剃掉更多头发，只留一个小小辫子的鼠尾辫和蛇尾辫的样式，所以更容易藏在瓜皮帽里。

2. 女子的发型

依据“十从十不从”原则，女子得以保留明朝时期的发型。后来，宫中旗人贵妇学习宫中汉人宫女的发型，而民间的汉族女子也开始学习旗人女子的发型，双方不断交流。当时旗人女子流行的发型是我们常常在影视剧中看到的小两把头，就是把头发左右平分，各扎一把，形成两个横长髻。在长髻上可以簪鲜花、绢花或者簪各式各样的花钿。不管是横髻中央簪一朵花或者一个花钿，带有一种清雅之美，还是横髻上簪上各式花钿，互相搭配映衬，带有一种华贵之美，都透着别致的韵味。据说满族女子开始喜欢留辫子，就是为了簪上各种美丽的花钿，就是这样两把头才开始渐渐流行起来。如果是便服在家，女子的横髻上不簪任何饰品，看起来也显得干净美丽。

梳小两把头的慈安太后
（《慈竹延清图》）

到了清朝晚期，开始流行起来另外一种发式——“大拉翅”，在《还珠格格》中我们可以看到，宫中除了奴婢以外的女子都是这种发式。“大拉翅”也就是我们所说的“旗头”，是我们对清代宫廷女子发式的印象。虽然“大拉翅”出现比较晚，据说是慈禧的发明，但是随着它的出现，两把头几乎完全被取代了，加上那时候的照片作品开始保留下来，所以我们对旗人女子“大拉翅”的印象就特别深了。它可以说是一种冠了，上方是扇形的中空硬壳，高达一尺左右，下方是圆形的头箍，用铁丝做架，布袼褙（糨糊黏合起来的很多层的布）做胎，外面裱有绒面或者缎面。硬壳上会簪绢花或者花钿以及钗，两边可以簪步摇，或者垂下的花穗。戴的时候，用扁簪子把冠固定在头发上，取戴都非常方便。

一般奴婢还是会梳双丫髻。把头发平分两半，在两边各梳一个发髻，前方留有刘海，再在刘海两边垂下少许散发，衬得脸小小的，简单又好看。

戴大拉翅的慈禧

3. 男子的服饰

清代男子流行的服饰是上下分开的服装，下装一般都为裤，上装则是衫、袄，外穿马褂。

马褂，一般都是长度不会过腰，开襟有纽袢，袖长到肘部，一般是立领。穿在袍衫的外面，作为外套。因为比较短小，便于骑马，所以得名。马褂的区分在于衣襟的不同式样上，有对襟马褂、大襟马褂、琵琶襟马褂。对襟，就是衣襟在前方，我们现在的带扣子的衣服多为对襟。大襟，就是衣襟在右侧，在右侧用纽绊扣住。琵琶襟马褂，又叫缺襟马褂，大襟马褂衣襟会到腋下，但是缺襟好像衣襟缺少了一块，只到胸前，然后在下面又补了一块，整个形状像琵琶，所以由此得名。

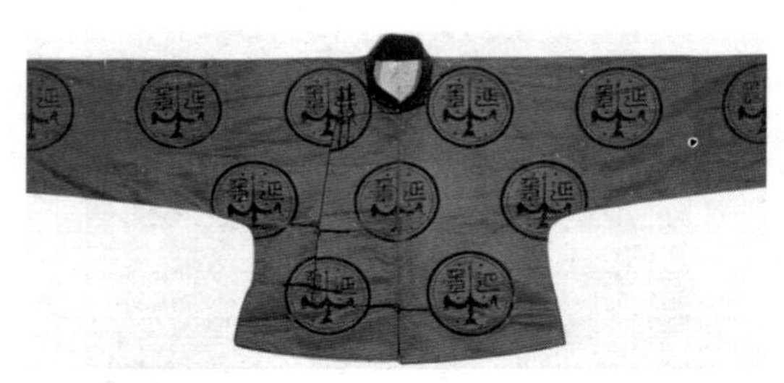

琵琶襟马褂
（传世实物）

黄马褂，是皇帝才可以赏赐的，其他人不可以随意穿。大家应该还记得《甄嬛传》里年羹尧获得黄马褂的赏赐，被贬后穿着黄马褂看守城门，被雍正认为故意给皇帝脸子看。因为获赏黄马褂是极其大的恩典，是一种极高的荣誉，所以一个城门看守穿着皇上赏赐的黄马褂，确实让皇帝颜面无光。黄马褂和黄马褂也是不同的，后面的小节里，我们还会再次谈到。

马甲，也可以叫“背心”或者“坎肩”，没有袖子，男女都可以穿，早先是穿在袍里面，护心保暖，后来也套在袍服外面，讲究的人家会用同一种料子做袍服和马甲，浑然一体，很受欢迎。马甲也是立领，衣襟样式和马褂一样，也分对襟、大襟和琵琶襟。还有一种特殊的“一字襟”马甲，胸上横着一排纽绊，两侧也有纽绊。这种坎肩又叫“巴图鲁坎肩”，巴图鲁是满语“勇士”的意思，鳌拜就曾经被称为“满洲第一巴图鲁”，这种多纽袢的坎肩最早就是兵卒和武士穿的，内里缝制鳞甲，用来防身，后来这种式样普及开来，成为各式马甲中的一种。

清代服装还有一个要素比较普遍，就是“马蹄袖”。马蹄袖是在紧窄的袖口，加上一个半圆“马蹄形”的袖头，平时可以挽起来，放下来的时候可以护住手背，非常暖和。一说马蹄袖就是箭袖，另一说则认为两者不同，马蹄袖是满族服饰的特色，是从箭袖发展来的。北方少数民族为了适应马背上的生活，衣袖比较紧窄，从袖根到袖口，不断紧缩，在袖口处再加一截，寒冷时候放下来保暖，平时可以挽上去。后来男子的服饰慢慢去掉了马蹄袖，但是礼服仍然保留。穿马蹄袖服饰的男子在叩拜上级或者长辈的时候，一定要先左后右地放下马蹄袖，然后才可以行叩拜礼。

4. 女子的服饰

汉族女子依然保留着明朝时代的穿着，多着衫、袄和裙，出门时会在外面加上一件披风。在寒冷的冬天典型的汉族女子服饰的穿法是，最里面穿上精美的肚兜，很可能肚兜上绣着的是粉红的莲花配着青绿的荷叶这样鲜亮的图案。肚兜外面就是她们的贴身小袄，这件贴身小袄也通常是红色或者翠绿这样娇嫩的颜色。大家一定还记得《红楼梦》里晴雯死前把自己里面的小袄脱下来给宝玉穿上，对于姑娘家来说，贴身小袄是比较私密的物件。小袄外面就可以穿大袄了，大袄有长有短，袖子

晚清天青纱大镶边右衽女马褂
（传世品，中国国家博物馆藏）

长短也是不断变化的，衣襟领口以及袖口还有镶边，绣有各种精美花纹，多是右衽大襟，纽袢一直系到腋下，和我们现在的对襟很不一样，多了几分女子的娇羞和慎重。袄外再加上一件坎肩，或者褂。最后出门的时候，通常会披一件披风，或者斗篷。

下身着裙，各种颜色的裙子都有，当然最流行的颜色还是红色。裙子不仅颜色很多，种类也多起来。例如前面介绍过的百褶裙，此时已然流行，裙幅越多，显得越漂亮。再如马面裙，在明代已经出现，清代有所变化，两边是褶，中间重合的部分形成一个光面，就是“马面”，整个裙子，前后各有一个这样的光面，两侧为裙褶。不仅马面上绣各种漂亮的图案，精致点的马面裙，连裙褶上都会镶边，绣上花纹。

清白暗花绸彩绣人物花草马面裙
（清华大学美术学院藏）

清代出现的另外一种很有特色的裙子叫凤尾裙，它是直接由裁剪成的彩色条布在腰部拼接而成的，由于彩色条布尾端是尖形，形状很像凤尾，这种裙子便由此得名。凤尾裙的彩色条布只是在腰间进行拼接，所以裙体彩色条布之间是有空隙的，这就意味着凤尾裙不可以直接穿，往往穿在其他裙子外面。其中一种穿法就是，凤尾裙搭配马面裙，称为凤尾马面裙。凤尾裙下面还常常配有彩色流苏，走动或者舞动起来，格外美丽。

凤尾裙
（传世实物）

这里还想和大家提一下月华裙，这种裙子穿上，“风动色如月华”，淡雅中带有色彩的渐变和流动感。穿月华裙，会格外突出一个女子洁净温婉的美。那么，这种效果是怎样出来的呢？月华裙出现在明末，整个裙子用布八幅，后来发展到十幅，裙间褶皱很多，妙就妙在每一个褶皱都使用不同的颜色，但都是极为素净淡雅的颜色，很有点素淡“版本”的间色裙的感觉。所以，就萦绕出一种色彩流动，绚烂犹如月晕的淡雅之感。

月华锦体现了古代高超的纺织技艺，这种布料就是通过技术使得整块布颜色一段一段地渐变。这种布料放在日光下呈现一种颜色，月光下又呈现一种颜色，并且布料从不同角度呈现出的颜色也不一样。不仅仅是简单的染色技术造成的颜色变化，还与光线有关。目前，这样的月华锦只有三件，今天再也没有人能仿制出这样的锦了。我们只能再次感叹古人高妙的智慧和巧思。

当时最下层女性经常穿的，还是粗糙的葛布做成的裙子，颜色一般也为蓝色。

穿旗装的满族妇女

满族妇女通常穿的袍服，整个形制是直筒型，完全不凸显女性的腰身，一般为圆领，领子有低有高，右衽，有五颗纽袢，整个袍服长度到脚面，甚至曳地。如果袍服没有领子，则可以在颈间加一条围巾修饰。

这就是民国时期流行起来的旗袍的前身，此时的旗装没有像后来的旗袍那样强调女子的腰身，但是这种长袍配上花盆底旗鞋，会显得女子格外纤细高挑，它强调的就是这种美。而且旗装的做工非常讲究，领子衣襟都要绣上几道花纹，最多的可达十八道花纹。衣服上一道一道的花纹，是当时服饰的一个特点，在汉族女子穿的外袄中，我们也可以看到这个装饰特点。

缎钉绫凤戏牡丹纹高底旗鞋
（北京故宫博物院藏）

旗装是身份的象征，只有宫廷贵妇可以穿，女婢只能穿袄裤。

穿旗装的女子，外面可以加褂或者坎肩，下身还要穿裤，裤腿外有各色的绑腿。脚上穿白色长筒的袜子，足蹬旗鞋，就是我们在影视作品中常常看到的花盆底鞋。

花盆底鞋是一种高底鞋，上面是绣花鞋，绣有精美的花纹，或者镶嵌珍珠进行装饰。下面的底子用白布细细地蒙好，呈现完全的白色，我们可以看到有些底子就像马蹄，这样的鞋也可以叫作“马蹄底鞋”。影视剧中经常会出现第一次穿花盆底鞋的姑娘，走起来颤颤巍巍的，这是因为花盆底不仅高，而且底比较小，在鞋子的中央。而汉族女子的绣花鞋都是平底，即使是高底的弓鞋，也是整个底面都是有底且一样高的。穿花盆底鞋，不仅衬托得女子格外高挑，而且走起来自然有一种婀娜之姿，显得仪态万芳。

满族女子是天足，没有缠足的习惯。清政府曾经颁布过放足令，但是却没有推行开来，汉族女子继续裹小脚，穿弓鞋。

清末旗人妇女服饰
（中间是末代皇后婉容，左边是末代皇妃文绣）

5. 从照片看满族妇女的服饰

照片《清末旗人妇女服饰》中的女子梳着清朝后期流行的大拉翅旗头，我们可以看到旗头中央通常簪一朵大花，两边再簪小花或者花钿装饰，最右边的女子大拉翅的左侧垂下的穗子装饰，也是簪在大拉翅上比较流行的头饰之一。

清代宫廷妃子（约翰·汤姆森 1873 年摄）

她们都穿长筒的旗装，旗装长度曳地，看不到脚上穿的花盆底鞋，显得女子更为修长高挑。右边女子是完全的素色旗装，另外两个旗装上绣花非常多，遍布整个旗装，显得非常热闹，也是以此彰显自己的富贵。

《清代宫廷妃子》这张照片的旗人女子梳的是两把头，横把子上簪有简单的发式。她的旗装更有清朝旗装的特点，讲究的是一道道花纹的修饰，显得非常细致精美，整体感觉是有序的。

两张照片中都可以看出旗装的袖子比较宽大，不追求紧致和凸显女性线条，整体形制更像一个直筒。

清朝末年，西方摄影技术的传入，留下了这些珍贵的老照片，让我们可以更为直观地看到当时人们真实的穿着。不知道大家是不是有这种感觉，与以前宽博衣袖透出飘逸相比，清代服饰，更多的是追求有序的修饰，例如一道道的花纹，透出的是一种庄重而细致的美。

二、官员和帝后的服饰

1. 清代官员的服饰

在影视剧中，我们常常可以看到清代官员上朝的情况，此时的官员服饰已经废除了品色制度，一律都是石青色朝褂，称为补服。

这种补服没有领子，对襟大褂。根据前后的补子区分官员的等级，皇亲贵族使用圆形的补子，文武官员都是方形的补子。

从《关天培写真像》中可以看到，此时的官员身穿补服，补服没有领子，另外加一个菱角形的披领上去。清代很多服饰都是无领设计的，至多额外加一个领子或者围巾。作为礼服，都是加硬的硕大的披领，以显示庄重。另外还有一种用作礼服之上的硬领，叫领衣，整个形状就像牛的舌头，所以这种领衣又叫“牛舌头”。根据季节使用不同的材质，夏天用纱，冬天用绒，春秋可以使用缎子。

清人绘制的
《关天培写真像》

与补服配套的还有头上戴的帽子，称为“顶戴”。夏季戴凉帽，冬季戴暖帽。帽子顶部有一颗珠子，不同等级的珠子材质也是不同的，有红宝石、蓝宝石、珊瑚、青金石、素金和素银等不同材质，珠子的材质随品级变化而变化。清政府曾经对此做出规定，一品为红宝石，二品为珊瑚，三品为蓝宝石，四品用青金石，五品用水晶，六品用砗磲，七品为素金，八品用阴纹镂花金，九品为阳纹镂花金，无顶珠者无官品。再如我们都知道雍正皇帝厉行节约，他在位时曾经用各色玻璃代替各种宝石。

我们常说“顶戴花翎”，花翎也是官员身份的象征。在顶珠下面有一个两寸长的管子，管子上插“花翎”或者“蓝翎”，前者是孔雀羽毛，后者是鹖羽，等级比较

顶戴花翎
（传世实物）

清单眼、双眼、三眼孔雀花翎
（北京故宫博物院藏）

低。花翎的尾端有“眼”，一种叫作“目晕”的眼睛状图案，分为“单眼”、“双眼”、“三眼”，眼睛越多，说明这个官员功勋越卓著。

花翎的赏赐是非常慎重的事情，乾隆至清末被赐三眼花翎的大臣只有傅恒、福康安、和琳、长龄、禧恩、李鸿章、徐桐七人。就是两眼花翎，也只有二十多人。数目之少，可见赏赐花翎之慎重，也可见花翎对应的功勋价值之高。

朝珠也不是所有的官员都可以佩戴的，只有文官五品以上、武官四品以上才可以佩戴，当然相应的，他们的妻子在着礼服的时候，也可以佩戴朝珠，这就是古代“夫妻一体”思想的体现。

在清代，一般都是穿礼服配靴子，穿常服配鞋子。

所以我们在影视剧中看到的清代官员形象，都是像关天培画像展示的，穿石青色补服，头戴帽子，帽子上有顶珠和花翎或者蓝翎，胸前佩戴有朝珠，足蹬黑筒靴子。进一步了解后，再看到类似的影视剧，不妨观察一下他们的花翎是不是有区别，他们的朝珠能否看出区别，和他们的品级是否对应，还可以看他们戴的帽子与剧情中所描写的季节是否相符，以此来判断一部历史剧是不是足够精致和贴合历史。

清代御用东珠朝珠
（北京故宫博物院藏）

2. 皇帝的服饰

清代皇帝的龙袍具有此时服装的典型特点，圆领，马蹄袖，领子上加有披领。我们说帝王是“九五之尊”，这实际上是中国人在《周易》影响下的思想，我们说乾为天，乾卦是六十四卦中最好的一卦，九五又是乾卦中最好的一爻，所以用九五来象征天子。简单来说，在古代单数是阳，双数是阴，君权当然是阳，但是九九，是至阳之数，我们古人的思想认为月圆则缺，水满则溢，所以会认为九五更好。九和五这两个数字在帝王的很多物品上都会有所体现。例如皇帝的龙袍上就绣有九条龙，我们直接可以看到的是八条龙，曾经人们揣测为什么是八条，不是九条，甚至有人给出一个非常有趣的解释，说因为皇帝自己就是一条龙，加上龙袍上的龙正好是九条。但是后来人们发现，龙袍上确实有九条龙，只不过那一条是绣在衣襟里面，不容易发现。更妙的是，无论从前面还是后面单独看，都是看到五条龙，正好迎合了“九五”之数。

龙袍上的其他图案还有专属于帝王的十二章纹。龙袍下方的图案是象征着江山一统的八宝水纹。龙袍的颜色以明黄色为主，也有杏黄和金黄色。黄色是皇族专用的颜色，其他人要使用黄色，只能是通过皇帝赏赐和恩典，例如黄马褂，当然黄马褂的意义也是不一样的，一种是因为职位而获得，另一种是因为功勋获赏。

皇帝使用龙，还有一种与龙相似的图案——蟒。它们之间一个明显的区别就是龙有五爪，而蟒只有四爪。不同等级的官员服饰上绣的蟒的数量也是不一样的，例如文武官七八九品，只得使用五蟒四爪，而亲王、郡王可以使用九蟒四爪。

我们说过，天子在不同的节气要举行不同的祭祀活动以祈求上天的佑护。在不同的祭祀中，天子所穿朝服的颜色也是不同的，例如朝日，就是在东门祭祀太阳的活动，穿的是红色朝服；而祭祀月亮的夕月，则是穿白色朝服；祭祀天时穿蓝色朝服。

3. 皇后的服饰

从清代皇后的朝服中，我们还是可以看到披领、箭袖这些具有满族传统服饰的符号。这一套朝服包括朝冠、朝袍、朝褂、朝裙和朝珠。皇后的朝袍也是像皇上一样，使用明黄色，体现了我们前面所说的“夫妻一体”的思想。外穿朝褂，朝褂的服制就是我们前面提到过的背心式样，下配朝裙。皇后的硬披领上也是绣有龙的图案的，清朝礼服的披领，给人增添了不少气势和庄

清乾隆帝慧贤皇贵妃冬朝服像
（北京故宫博物院藏）

重之感。所以说母仪天下的后位，是多少后宫女人的梦想，它意味着是天子的唯一妻子，与天子共享着明黄以及龙的图案这些具有至高象征的东西。

皇后的朝冠也是极其奢华的，仅冠后面垂挂的五行珍珠就有三百二十颗，而冠上装饰有珍珠、宝石、金凤等。整个朝冠，璀璨异常。

皇后的常服式样和其他满族贵妇的常服式样都是一样的：圆领，大襟，宽袖。衣袖、领子、衣襟都绣有宽幅的花纹，不过皇后可以使用一些特殊的图案，例如凤穿牡丹。

这里我们再补充一下，明黄色的龙纹袍服是皇后、太后以及皇贵妃和贵妃可以享用的，她们都是与皇帝有直接关系的重要女人。而皇子、福晋，使用的是蟒袍。从女人的身上，就可以看出她们的丈夫的身份等级，背后对应的是男人之间的地位差别。

三、旗袍——惊艳了岁月

旗袍，在今天，依然是带有浓郁女人味和古典女子韵味的服装，每次出场，总能吸引大家的眼球。有人说旗袍的特点就是“含蓄而又性感，简洁而又典雅”。

旗袍的前身是满族女子的旗装。不过旗装的主要特点是直筒形，不强调女子的腰身和胸臀，把女子简约成一张修长的图片，唤起的是修长和端庄之美。旗装的变化，体现在衣领和袖口处精致的滚边和绣花，前面我们就提到过有的滚边绣花竟达十八道之多。

到了民国年间，在旗装的基础上，吸收西方的剪裁，强调女子腰身曲线的旗袍出现了。旗袍的变化可以在衣襟的式样上：可以上大襟、对襟或者琵琶襟；可以体现在袖子的长短上，长袖、七分袖或者五分袖，或者短袖、无袖；可以体现在旗袍本身的长短上，可以长到脚踝，到现在也可以短到只包裹住臀部。旗袍两侧可以开衩，甚至可以高至大腿部位。

人们爱旗袍，更爱它身上保留的具有传统特色的元素，例如细致的盘扣，精美的绣花。这些唤起的是人们

清末满族旗袍
（传世实物）

对于古典女子所具有的典雅韵味的向往。

只看看这些精美的花纹盘扣，就有说不尽的味道，盘住的是女子特有的雅致和心事，好像每一个花型的盘扣里都透着一个欲说还休的故事。例如对称的树枝扣、形似凤凰的凤凰扣、简简单单的四方扣、好像翩然而飞的燕子的燕子扣，各种美丽的花形也都可以进入盘扣的世界。最简单的就要数一字盘扣了，即使是这样的盘扣伏在旗袍上，也是温婉而精美，这是拉链以及今天各种亮晶晶的扣子所完全没有的味道，它所体现的是历史的味道，是古典的韵味。

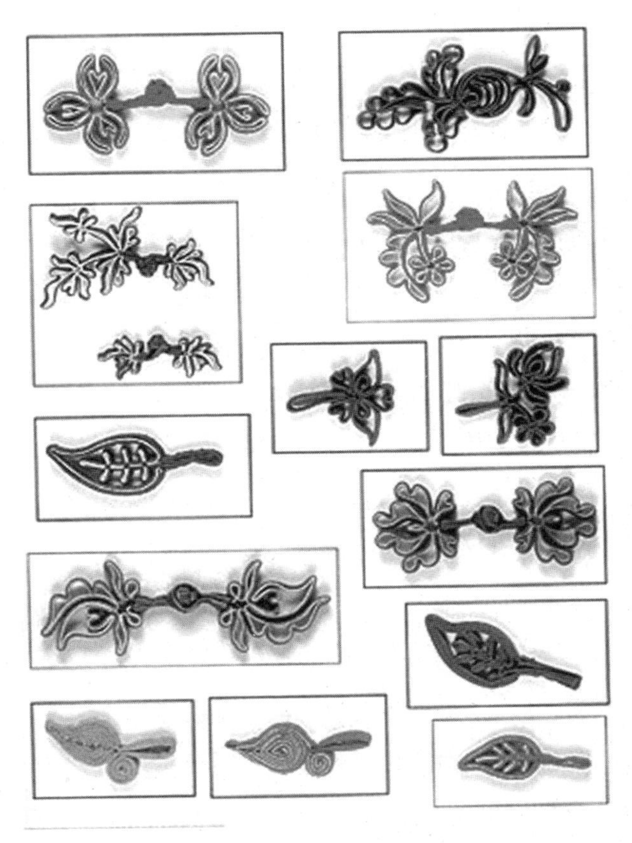

旗袍上细致精巧的盘扣

真正的旗袍是很讲究的，上海有很多做旗袍的老手艺人，他们定做旗袍严苛到一定要见到本人，不仅仅为了获得各种精确的尺寸，还要根据人的脸型选择领子的样式。张爱玲就曾经说过元宝领让不是瓜子脸的人也成了瓜子脸，而直通通的高领让再瘦的人都可能出现双下巴，领子对于脸型，是有着重要的影响的。再者根据人的气质选择旗袍的材质和长短，棉布旗袍散发着自然和淳朴的味道，绸缎旗袍则是掩不住的华贵，绒料旗袍又是另一种贵气的风情。这些老裁缝总是坚持，真正好的旗袍，做出来，就注定只属于那一个人。这种精致和讲究，就是我们传统服装里镶十八道边的精致。他们不仅仅是在做服装，简直是在做一件艺术品。穿上这样的旗袍，必有说不尽的端庄和高贵。人和衣服，在这时，才是互相赋予对方生命力。

《金粉世家》中冷清秋的学生时期装束，正是20世纪二三十年代上海进步女学生的普遍装束，上身穿淡蓝色阴丹士林的大袖窄腰的大襟褂，下身配黑色长裙。上身的这种褂已经很接近后来出现的旗袍了。阴丹士林，是德国一家公司生产的一种布料的名称音译过来的，据说这种布料颜色鲜艳而且不容易褪色，很受当时上海人的喜欢。

大襟褂、黑色裙的组合
（传世实物）

最开始，出现了一种完全像现在旗袍的长马甲，穿在外面，后来慢慢发展成可以独立穿着的旗袍。

20 世纪 30 年代是旗袍的黄金时期，领子一会儿流行高的，一会儿流行低的，袖子长短也是不断变化，服装界真正地出现了潮流这么一种东西。某个交际花穿的中袖旗袍引起了惊艳，很快，满大街就都是中袖旗袍了；可能今晚宴会上谁的无袖旗袍出了风头，隔天大街上又都是无袖旗袍了。钱钟书先生的《围城》里有这么一个小细节，孙柔嘉和方鸿渐结婚，觉得自己衣服都不合适了，因为她发现大街上的旗袍又都短了几分。为了跟上潮流必须做新衣服，这就是上海出来的女子在那种环境下培育出来的敏锐性。可是重庆乡镇上的范小姐就没有这种敏锐性了，她初见孙柔嘉的时候觉得还是上海来的呢，就是旗袍比自己短了几分，别的地方也看不出什么摩登之处。她不知道，短几分长几分也许就是时髦和落伍的划分。

此时的旗袍敢于追求“透、露、瘦”，所以蕾丝这样若隐若现的材质很受欢迎，出现在旗袍的胸前或者后

烫发、穿短袖旗袍及高跟皮鞋的妇女（传世图照）

背设计中，而此时旗袍的开衩甚至可以高到大腿，整体非常紧窄，突出女子的曲线。三四十年代正是旗袍的巅峰，各种式样的旗袍都可以看到，有高开叉蕾丝旗袍的性感妩媚的交际花形象，也有中长度旗袍外加一件开衫的知性女子的形象，这个时代女子的服装可以用任何形容词形容，但是一定没有单调。

新中国成立后，开始了“不爱红装爱武装”的时代，旗袍简直就成了封建社会和资本主义的流毒，而改革开放后，洋装、牛仔涌进了中国，人们似乎早已淡忘了旗袍。

而2000年的《花样年华》，二十六套旗袍和张曼玉，真的是一次由旗袍主导的惊艳，再次唤起了国人对旗袍的热爱，美术指导张叔平也凭借该片获得戛纳电影节最佳艺术成就奖。张叔平请到了早就收山的多位七十多岁的老裁缝，拿出了自己收藏的布料，完全为张曼玉定做了我们在剧中看到的旗袍。

人们通过这部剧看到了旗袍的精神，它可以高贵，可以哀怨，内敛中又透着点点诱惑，撩动着人们的心。一件合适的旗袍，让一个女人散发出一种叫作女人味的东西，而袍，这种由来已久的中国传统服饰，带着历史的积淀，描绘着古典的韵味。

美哉，旗袍。

愛は、もうはじまっている。
花様年華
IN THE MOOD FOR LOVE
ウォン・カーウァイ（王家衛）監督作品
トニー・レオン
マギー・チャン

电影《花样年华》海报

四、闲话慈禧的服饰生活

作为清朝最著名的女人，爱美的慈禧可以最大限度地拥有一个清代女子向往的一切服装、饰品和化妆品。甚至可以穿只有帝王才能穿的绣有十二章纹的服饰，更不要说她拥有的几万件衣服和无数首饰了。

清慈禧太后着色照片
（北京故宫博物院藏）

照片中的慈禧已经是老年，但是我们依然可以看到她弯弯的眉毛、大眼睛和挺拔的鼻梁。据说年轻时候的慈禧是清宫有名的美人，我们在她的老年照片中还是可以依稀看到一个美人的风采。她的御前女官裕容龄写下的《清宫琐记》和另一个御前女官裕德龄的《皇朝的背影》里都记录了她们看到的慈禧生活，让我们可以近距离地观看慈禧的服饰生活。

容龄记录了一次慈禧乘火车出行，只带了晚春季节要穿的部分服装和鞋子，衣服就有两千件，鞋子不多也有三四十双。德龄感叹道：

它的伟大和富丽几使人目为之炫，神为之夺。除却你能看见的一片彩云似的锦绣之外，你就不用想细细鉴别它们。因为它们委实是太多了，太美丽了！

而我们要知道，这只是出行所带的服饰，据说慈禧拥有六七万件衣服，鞋子更是有专门的鞋库收放。要知道人生也不过三万天，所以慈禧的衣服每天都换，一辈子也穿不过来。

慈禧的发式，就是我们前面介绍的清末宫廷女子流行的发饰“大拉翅”，据说还是慈禧发明的呢。在扇形板上，装饰有各种珍珠翠玉以及大朵的珠花或者绒花。

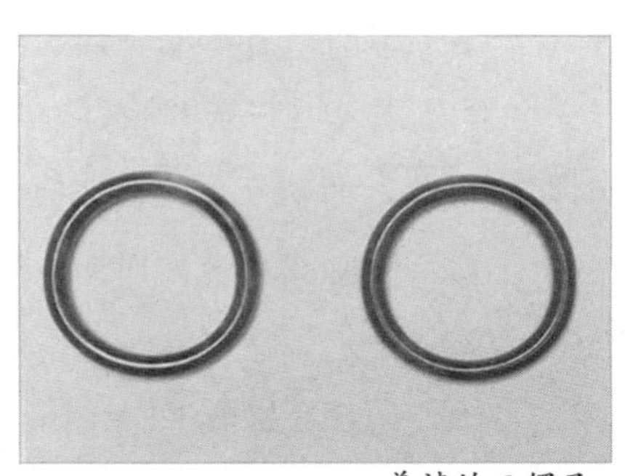

慈禧的玉镯子

慈禧非常迷信，所以她尤其喜欢在大拉翅上戴绒花，因为绒花谐音“荣华”。

慈禧有四个耳洞，总是戴着精美的耳环。其中她最爱的一对是当年进宫时咸丰爷赏赐给她的小珠子耳环，她的女官说她总是不摘下来这对耳环，我们不知道她透过这对耳环要留住的是曾经容颜娇美的青葱岁月，还是曾经的恩宠或者说一个帝王的爱情，又或者即使她是真正的一国之主，她也是孤单的，需要来自这个耳环的依靠和力量。

但是她确实是想留住美好的容颜的，据说慈禧喜爱喝人乳，来养颜美容。而且会用珍珠粉，保持皮肤的细腻和白皙。她使用的胭脂水粉，都是宫内特制的纯天然物品，一定不会比我们前面提到的贾宝玉收藏的胭脂水粉逊色。慈禧也使用我们今天说的脸部按摩棒，只不过材质更为金贵，一般是玉石或者玛瑙制作，称作“太平车”，慈禧只要一有空就会用它按摩脸部，为了消除皱纹。然而，时间对每个人都是公平的，即使是一国最有权势的女人，也不得不小心翼翼地面对皱纹问题，费尽心机留住美好的容颜。

关于慈禧的首饰，德龄在她的书中详细介绍过：

之后，太后把我带到了另一个房间，向我展示她收藏的珠宝首饰。这个房间的三面都是架子，从地面一直伸到屋顶，上面放满了紫檀木的匣子，里面全都是珠宝首饰。每个上面都贴着黄色的小纸条，写着珠宝的名称。

她详细描述了慈禧当时戴的一朵簪花的样子：

里面是一朵用珊瑚和翡翠做的牡丹，花瓣是用细铜丝串起的珊瑚串，叶子是用纯玉做的，花瓣都颤巍巍的，像真花一样。

颤巍巍的花瓣，纯玉做的叶子，只是看着就让人大饱眼福吧！她描绘这次慈禧的穿着，内着绣着白鹳的海青色宫袍，外面套着同样绣着白鹳的紫色短夹袄，为了与衣服搭配，慈禧还换下了头饰，选择了另一个镶着珍珠的银鹳。德龄忍不住描绘这个头饰：

太后打开盒子，从里面取出了一只镶满珍珠的银鹳，鹳喙是用珊瑚做成的。银鹳表面镶着的珍珠非常精巧，如果不拿到眼前仔细观察，根本就看不到里面的银底子。整个鹳做工精美，外观华丽，珍珠的色泽和形状近乎完美。太后拿起戴在头上，看上去显得高雅华美。

从中我们可以看到慈禧讲求搭配，即使是细节也追求尽善尽美。据说她每次更衣的时候都是由太监用木盒子托着衣服列队从她面前经过，让她挑选，有时候她要看几百件衣服才能选出一两件自己想穿的。

清宫精美的簪子
（北京故宫博物院藏）

其实一个女人于衣物饰品上，所能拥有的最多也不过是慈禧这样，六七万件衣服、难以计数的珠宝首饰、最好的养颜圣品、最天然的化妆品，但是在服饰上，我们看到的依然是一个困于其中的女性形象，她依然要对抗皱纹、色斑和衰老。但是我们也相信，当她浏览着一件又一件衣物，抚摸着一个又一个精美的首饰的时候，心间都是喜悦吧，那些精美的花纹，柔和或者夺目的色彩，巧夺天工的手艺，那份精巧和细致，会让这个操劳着天下事的女人在那么一瞬间，完全逸出烦琐的一切，只是沉醉于物与艺术带来的美之中吧。更不要说她耳间常常戴着的那对小珍珠耳环，每次看到都是昔日甜美的记忆。

物品从来不仅仅是物品，服饰也从来不仅仅是服饰，它是宇宙间的一种美，它是一个意义，一种记忆。

德龄公主与慈禧
（北京故宫博物院藏）

图书在版编目（CIP）数据

中国秀. 服饰 / 庞丹丹编著. -- 太原 : 山西教育出版社, 2016.5

（中国秀系列 / 金萍, 张霞主编）

ISBN 978-7-5440-7487-2

Ⅰ. ①中… Ⅱ. ①庞… Ⅲ. ①丛书—中国—现代②服饰—历史—中国 Ⅳ. ①Z121.7②TS941.742

中国版本图书馆CIP数据核字(2016)第286079号

服　饰

庞丹丹　苏　珊　著

出 版 人　雷俊林
策 划 人　孙　轶
责任编辑　任小明
特约编辑　苏　霁
装帧设计　小海馬·书装

出版发行　山西出版传媒集团 · 山西教育出版社
　　　　　（太原市水西门街馒头巷7号　邮编　030002）
印　　装　山东临沂新华印刷物流集团有限责任公司
开　　本　787×960　1/32
印　　张　10
字　　数　150千字
版　　次　2016年5月第1版　2016年5月第1次印刷
书　　号　ISBN 978-7-5440-7487-2
定　　价　27.90元

如发现印装质量问题，影响阅读，请与印刷厂联系调换。电话：0539-2925680